U0335075

国防科技图书出版基金

颗粒阻尼减振理论及技术

Theory and Technology of Particle Damping for Vibration Reduction

夏兆旺　刘献栋　著

国防工业出版社

·北京·

图书在版编目(CIP)数据

颗粒阻尼减振理论及技术/夏兆旺,刘献栋著. —
北京:国防工业出版社,2020.9
ISBN 978-7-118-12128-5

Ⅰ.①颗… Ⅱ.①夏… ②刘… Ⅲ.①阻尼减振-研
究 Ⅳ.①O328

中国版本图书馆 CIP 数据核字(2020)第 132838 号

※

图防工業出版社出版发行

(北京市海淀区紫竹院南路23号 邮政编码100048)
三河市腾飞印务有限公司印刷
新华书店经售

*

开本 710×1000 1/16 插页2 印张 14¾ 字数 250 千字
2020 年 9 月第 1 版第 1 次印刷 印数 1—1500 册 定价 98.00 元

(本书如有印装错误,我社负责调换)

国防书店:(010)88540777 书店传真:(010)88540776
发行业务:(010)88540717 发行传真:(010)88540762

致 读 者

本书由中央军委装备发展部**国防科技图书出版基金**资助出版。

为了促进国防科技和武器装备发展，加强社会主义物质文明和精神文明建设，培养优秀科技人才，确保国防科技优秀图书的出版，原国防科工委于1988年初决定每年拨出专款，设立国防科技图书出版基金，成立评审委员会，扶持、审定出版国防科技优秀图书。这是一项具有深远意义的创举。

国防科技图书出版基金资助的对象是：

1. 在国防科学技术领域中，学术水平高，内容有创见，在学科上居领先地位的基础科学理论图书；在工程技术理论方面有突破的应用科学专著。

2. 学术思想新颖，内容具体、实用，对国防科技和武器装备发展具有较大推动作用的专著；密切结合国防现代化和武器装备现代化需要的高新技术内容的专著。

3. 有重要发展前景和有重大开拓使用价值，密切结合国防现代化和武器装备现代化需要的新工艺、新材料内容的专著。

4. 填补目前我国科技领域空白并具有军事应用前景的薄弱学科和边缘学科的科技图书。

国防科技图书出版基金评审委员会在中央军委装备发展部的领导下开展工作，负责掌握出版基金的使用方向，评审受理的图书选题，决定资助的图书选题和资助金额，以及决定中断或取消资助等。经评审给予资助的图书，由中央军委装备发展部国防工业出版社出版发行。

国防科技和武器装备发展已经取得了举世瞩目的成就，国防科技图书承担着记载和弘扬这些成就，积累和传播科技知识的使命。开展好评审工作，使有限的基金发挥出巨大的效能，需要不断摸索、认真总结和及时改进，更需要国防科技和武器装备建设战线广大科技工作者、专家、教授、以及社会各界朋友的热情支持。

让我们携起手来，为祖国昌盛、科技腾飞、出版繁荣而共同奋斗！

国防科技图书出版基金

评审委员会

国防科技图书出版基金
2018 年度评审委员会组成人员

前　　言

　　航空及航天器、舰船动力设备、海洋平台结构、汽车等机械产品中部分零部件工作环境恶劣,常用的黏弹性阻尼减振技术存在易老化、性能受温度影响大等缺点,因此这类结构的减振设计难度较大。航天器中的设备在发射阶段通常会受到强烈的振动,既会影响设备的性能,又会影响设备的使用寿命;航空发动机叶片长时间处于高温环境、海洋平台桁架结构长期处于强紫外线环境,其振动控制环境限制了传统减振技术的应用;随着新型舰船对隐身性能的要求提高,对舰船主要噪声源之一的主辅机设备低频段隔振性能的要求也大幅度提高,传统的双层隔振、浮筏隔振技术很难满足要求;汽车噪声已是城市噪声的主要污染源之一,汽车制动器工作时产生的噪声是交通噪声的重要组成部分,而制动器因其高温工作环境和本身结构的特点,在很大程度上限制了传统阻尼技术的应用。此外,组成汽车结构的各类板件受到外界激励时,将产生振动并在一定条件下辐射噪声,而这些构件的设计及制作又受到工艺、外形、重量等诸多条件的限制,大的改动将影响结构的动态特性。针对这些问题,研究既不需要对结构做大的改动又能在恶劣环境下有效地降低结构振动、噪声的技术很有必要。

　　颗粒阻尼技术是一种适应极端环境的阻尼减振降噪技术。颗粒阻尼器是包含有颗粒的腔体结构,其腔体可以有多种形式,可以是在现有结构适当位置加工出一系列孔腔,也可以是附加在结构上的独立腔体。它通过颗粒之间及颗粒与孔壁之间的摩擦和碰撞消耗系统能量,从而实现减振降噪的目的。颗粒阻尼技术在恶劣温度环境下仍具有良好的减振效果,而且具有抗老化、低成本、结构简单、减振频带宽等优点。本书将对颗粒阻尼技术的减振理论、仿真与设计方法和工程应用等进行介绍,为颗粒阻尼技术在国防和民用领域的工程应用推广提供参考。

作者所在课题组自 2006 年起一直从事颗粒阻尼减振技术的研究。最开始对带颗粒阻尼器悬臂梁结构和平板结构的非线性振动响应及减振规律进行实验研究,在此基础上提出了适合带分布式颗粒阻尼器结构的快速高效仿真算法——离散元-有限元耦合算法,该耦合算法充分发挥了有限元法计算连续结构振动的优势和离散元法计算离散颗粒运动的优势;利用所提出的仿真算法对带颗粒阻尼器且处于旋转状态的汽车制动鼓和某航天装备支架结构的减振性能进行了数值仿真和实验验证;进一步研究了颗粒阻尼器各关键参数对系统减振效果的影响规律,得出了颗粒阻尼器的设计步骤。近 5 年来,作者进一步将被动颗粒阻尼技术发展到了半主动颗粒阻尼减振技术,并探索了半主动颗粒阻尼减振技术在海洋平台桁架结构减振降噪领域的应用。本书对颗粒阻尼技术减振理论的研究及其工程应用都具有很好的参考价值。

本书共分为 6 章。第 1 章介绍了颗粒阻尼技术的工作原理和用于颗粒阻尼技术的仿真方法、评价方法和性能预测方法。第 2 章对颗粒间、颗粒与孔壁间的接触力模型进行了分析;针对颗粒阻尼器结构的特点,提出了一种颗粒搜索算法和带颗粒阻尼器复杂结构的仿真算法。第 3 章对颗粒阻尼器悬臂梁和平板结构进行了实验和仿真研究。第 4 章介绍了被动颗粒阻尼减振技术在航天装备支架结构和汽车制动鼓减振中的应用。第 5 章介绍了半主动颗粒阻尼减振技术在海洋平台桁架结构中的应用。第 6 章介绍了基于支持向量机的颗粒阻尼结构的振动特性预测方法。

本书系统介绍了颗粒阻尼减振理论及方法,通过大量案例深入浅出地介绍了颗粒阻尼减振系统性能分析方法,便于从事减振降噪领域研究人员的理解。

北京航空航天大学交通科学与工程学院单颖春副教授为撰写本书提出了许多宝贵的意见和建议,给本书增色很多,在此表示特别感谢。同时感谢在撰写本书过程中给予帮助的方媛媛老师。非常感谢已毕业的北京航空航天大学研究生侯俊剑、谭德昕、崔汉东和汪小银,以及江苏科技大学研究生魏守贝、袁秋玲、茅凯杰、薛程和许祥曦等同学的工作,他们为本书的撰写提供了许多有用的素材。

在撰写本书过程中,除依据作者研究团队的科研成果外,还参考了国内外同行的相关文献,在此一并致谢。

同时,本书的研究内容分别受到了国家自然科学基金项目(11302088)、江苏省自然科学基金项目(BK2012278 和 BK20191462)、航空科学基金项目(2007ZB51025)、江苏省高校自然科学基金项目(16KJB580002)、上海交通大学海洋工程国家重点实验室开放基金(1006)和江苏科技大学青年学者人才项目(201512)的支持,还受到了国家安全重大基础项目和北京控制工程研究所科研项目在实验条件方面的支持,在此一并表示感谢。最后特别感谢国防科技图书出版基金对本书出版的大力支持。

由于作者水平有限,书中难免有不妥之处,敬请读者批评指正,以便日后完善和修改。

作者

2020 年 2 月

目　　录

Contents

第1章 绪 论

很多机械设备的减振降噪问题一直是学术和工业领域关注的重点。例如：航空发动机的叶片振动过大会直接影响发动机的性能和安全性[1-3]；卫星上的对地观测设备振动将影响观测精度；舰船主辅机设备的振动会影响舰船的隐身性能[4-6]；海洋平台结构的振动可导致严重事故[7-8]。随着科学技术不断进步，现代化机械设备一方面向着大型、高速化方向发展，另一方面又向着精密、轻量化方向发展，使得振动噪声问题更加凸显。随着环保意识的增强，人们对机械装备振动和噪声所引起的公害越来越重视，各国也制定了越来越严格的振动和噪声控制标准[9-11]。

振动控制分为主动控制技术、半主动控制技术和被动控制技术。主动控制技术的优点是对环境变化的适应性强，但是主动控制系统对拾取信号的处理会产生一定的时间滞后，这导致了当前动作滞后于结构状态，影响了实际控制效果[12]。另外主动控制将外界能量引入结构，一旦由于故障、观测或控制溢出以及结构参数变化引起控制算法失调，则引入的能量不仅无法发挥减振效果，还可能放大结构响应。因此，主动控制还存在稳定性的问题，此外主动隔振技术需要控制系统和执行机构，主动隔振系统的成本较高[13]。这些缺陷都在一定程度上制约了主动控制技术的实际应用[14]。半主动控制技术介于主动控制技术和被动控制技术之间，半主动控制技术通常不需要主动控制的作动器，耗能较少，虽然有反馈控制系统，但半主动控制系统比主动控制系统简单。半主动控制技术的减振效果通常优于被动控制技术。被动控制技术是指在振动结构的适当部位附加耗能装置或耗能子系统，或对振动主体结构局部部件做结构上的处理以改变结构体系的动力学特性，进而实现振动耗散。被动控制是不附加外界能源的控制，其控制力主要是由控制装置随着振动结构一起振动变形而被动产生的。因此，被动控制过程不依赖于振动结构的反应。被动控制技术具有构造简单、技术可靠、经济性好和不需外部能源等优点，在工程界得到广泛应用，颗粒阻尼技术就是一种典型的被动控制技术[15-17]。

航空发动机是飞机的核心部件，据美国空军统计，飞机事故中由于发动机故障引起的事故占总事故的43%，其中发动机结构故障占发动机故障的50%。据

1

我国有关部门统计,我国航空发动机因结构故障引起的空中停车故障约占总数的45%。而在发动机结构问题中,叶片因振动而发生的断裂问题十分突出。因此,研究并排除或预防叶片断裂故障是航空发动机研制和使用中必须关注的问题[18]。在航空发动机工作时,叶片总是承受着气流施加的循环载荷激励。为了防止由于循环载荷引起的叶片高循环疲劳失效,就需要将叶片振动应力降低到可以接受的水平,通常采用的主要措施之一是增加叶片阻尼来削弱共振应力[19]。美国国家涡轮发动机高循环疲劳科学与技术计划和综合高性能涡轮发动机技术计划提出,在涡轮发动机旋转部件中有应用前景的4种被动控制技术是干摩擦减振技术、黏弹性阻尼材料减振技术、颗粒阻尼技术和粉末阻尼技术。可见颗粒阻尼技术也引起了航空界的重视。采用整体叶盘结构是航空发动机设计的发展趋势。对于此结构,目前广泛应用的缘板阻尼器、凸肩结构等干摩擦阻尼结构不再适用。可用于整体叶盘结构的黏弹性阻尼材料适用温度一般低于260℃,同时硬涂层材料在高于1000℃时才具有明显阻尼特性,因此在260～1000℃这一温度范围内缺乏增加整体叶盘结构阻尼的方法。而颗粒阻尼作为一种新的阻尼形式,具有耐高低温、不改变叶片的外形尺寸、减振效果良好、减振频带宽的特点,因此具有满足整个温度范围内增加叶片阻尼的应用前景。鉴于此,国外已对颗粒阻尼器在航空发动机叶片减振方面应用的研究给予了重视。开始于20世纪90年代的美国综合高性能涡轮发动机技术(IHPTET)计划中,有关先进阻尼系统部分的研究工作,由通用电气公司航空发动机部、波音公司火箭发动机分部、Allison高级开发公司和Roush Anatrol公司等4个研究团体完成。他们从各种被动阻尼技术中选择了黏弹性约束层阻尼和颗粒阻尼2种阻尼形式,其中通用电气公司航空发动机部和波音公司火箭发动机分部对通用电气公司先进技术验证机(XTE45)的风扇整体叶盘采用颗粒阻尼进行减振研究,Allison高级开发公司和Roush Anatrol公司对IHPTET验证机(ACC1)压气机整体叶盘采用黏弹性约束层阻尼技术进行减振研究。实验表明,2种阻尼技术达到的阻尼效果相当,阻尼比均可达到0.01左右[20]。此外,惠普公司与通用电气公司的研究机构均认为这些研究成果对进一步研究联合攻击机(JSF)中低压涡轮的阻尼系统至关重要,并且若能去除目前涡轮叶片的叶冠结构可显著降低质量、减少离心力并可明显降低成本。由于涡轮叶片的温度较高,黏弹性阻尼技术难以应用,报告显示美国空军研究实验室(AFRL)已在研究颗粒阻尼的减振规律以及减振效果,并取得阶段成果[21]。

航天科技工程迫切需求特征尺寸为$10～10^2$m量级的大型或巨型可展开空间结构,如高精度对地观测系统需要大型星载天线来提高分辨力。大型可展开空间结构由于其尺寸大、重量轻、柔性大、阻尼小,在太空工作时将不可避免地受到热辐射梯度、空间碎片撞击、航天器姿态调整等各种外界和内部因素的干扰，而激起复杂的动态响应[22]。由于空间环境无外部阻尼，大型空间结构的内部阻尼又很小，结构动态响应很难自行衰减。强烈的振动会严重影响航天器的定位精度、设备的正常工作，导致系统性能下降甚至失效，直接威胁航天结构的安全[23]。长期的振动还可能造成航天结构的疲劳破坏。因此，为了能够快速抑制大型柔性空间结构的动态响应，确保卫星和空间站等航天器在太空中保持正常工作状态，就必须对大型柔性空间结构采取减振措施[24]。大型空间柔性桁架结构的动力学特性很复杂，其振动控制主要有被动和主动2种方式。对于大型柔性桁架结构来说，由于存在系统的不确定性、外部扰动不确定性等因素，采取主动控制很有可能在实际中无法获得期望的性能，甚至失去稳定性，同时主动控制还需要提供额外的动力。传统的黏弹性阻尼被动减振技术，虽然具有一定的减振效果，但长期处于温差大、紫外线强的恶劣外太空环境很容易老化、失效[25]。因此，一种有效的、能适应恶劣环境的被动颗粒阻尼减振技术，在大型可展开空间结构减振领域将具有广泛的应用前景。

组成汽车结构的各种板件受到外界激励时，易产生振动，进而辐射噪声，影响了乘坐舒适性；而汽车制动器产生的噪声是城市交通噪声的重要组成部分，它不仅影响乘车舒适性，还影响环境[26]。据统计，30%以上城市客车存在制动噪声，因此降低制动噪声是控制汽车噪声的一项重要工作。目前控制制动噪声的方法主要有增加制动鼓刚度、减小制动蹄刚度（对于鼓式制动器）、优化盘式制动器结构、增加系统阻尼、改善摩擦衬片特性并提高其衰减振动能力等。但由于制动器温度常在300℃以上，有时达到600~700℃，所以在制动器上通过敷设阻尼层以增加阻尼的方式，其工作可靠性难以保证[27]。因此，有效控制车辆振动和减少噪声污染已成为现代设计和研究人员追求的目标。

颗粒阻尼器是包含有颗粒的腔体结构，其腔体有多种形式，可以是在现有结构适当位置加工出一系列孔腔，也可以是附加在结构上的独立腔体。在这些腔体中填入一定数量的颗粒或者粉末材料（直径为0.05~5mm），在结构发生振动时，利用颗粒之间以及颗粒与孔腔壁之间的摩擦、碰撞进行能量耗散与转换，从而降低结构的振动幅值[28]。通常采用铁、铅、钨、铝等金属材料颗粒，因此在恶劣的温度环境仍具有良好的减振效果，且具有抗老化、低成本、噪声小、减振频带宽等优点[29-30]。此外，颗粒阻尼器不需要对原结构外形尺寸进行大的改动，在空间狭小难以放置其他形式减振器的情况下仍可以使用[31]。上述优点使其在航空航天器结构、舰船主辅机设备、汽车及普通机械装备中具有广泛的应用前景，因此国内外均已开展了颗粒阻尼器在减振方面的应用研究[32-36]。

虽然国内外学者在该领域进行了一系列研究，在理论和工程中也取得了一些成果,然而,由于颗粒与颗粒、颗粒与孔壁之间的碰撞和摩擦使得颗粒阻尼器具有高度非线性的特点,致使目前尚未形成统一的理论方法,并且理论计算结果与实验结果之间常存在较大误差,对颗粒阻尼器设计和应用的指导作用有限。迄今为止,还有大量问题未解决。例如,颗粒间以及颗粒与孔壁间的接触模型不准确,带颗粒阻尼器结构非线性响应求解计算量大、误差大,尚未形成有明显优势的理论研究方法,半主动颗粒阻尼技术的时滞特性对减振效果的影响规律研究不深入,等等[37]。另外,对带颗粒阻尼器结构在旋转状态的减振研究主要是实验方法,而对实验结果的报道也极扼要,并且对颗粒阻尼在离心力作用下的有效程度以及在结构上布设颗粒阻尼器可能带来的问题尚不明确。上述原因使得颗粒阻尼器的应用受到制约[38]。

本书将对颗粒阻尼的减振机理及减振规律进行深入研究,并通过实验和仿真方法研究其用于航天装备支架结构、平板结构、海洋平台桁架结构和汽车制动鼓的减振效果,研究颗粒阻尼器的设计及参数确定方法和半主动颗粒阻尼减振技术的控制策略,这些工作对推动颗粒阻尼技术在工程减振降噪领域的应用具有明确的意义。

1.1 颗粒阻尼器工作原理

颗粒阻尼器是在结构振动的传输路径上,加工一定数量的孔洞,在其中填充适当数量的金属或非金属颗粒。随着结构体的振动,颗粒之间以及颗粒与孔壁之间不断撞击和摩擦,于是消耗系统的振动能量,达到减振的目的。

该技术最早是由美国洛克威尔公司的 Panossian 博士[39]首先提出来的,其目的是为了解决工作条件极端恶劣或限于结构体本身的特殊性很难甚至无法采用其他减振措施的结构体的振动问题。例如,航空发动机叶片的高频振动、火箭或导弹液氧注入 T 形接头中分流叶片的振动问题等。据称洛克威尔公司对该技术进行了大量的基础性实验研究,并在汽轮叶片上得到成功的应用。

根据减振对象不同,颗粒阻尼器中可采取不同大小的颗粒。对于大结构如土木结构、飞行器等通常采用大颗粒,对于小结构如手动工具、磁盘驱动器等需要采用小颗粒。无论颗粒大小、材料还是形状,其减振耗能的机理都是类似的。颗粒的形状如图 1-1 所示。

颗粒阻尼器在结构上虽然比较简单,但其耗能机理较复杂,颗粒结构的松散性、总体结构的不确定性、冲击和摩擦现象的高度非线性,而且冲击耗能及摩擦耗能同时受众多系统参数的影响,使得颗粒阻尼器的行为具有高度非线性的特点[40]。

图 1-1　作为阻尼材料的金属颗粒

被动颗粒阻尼是通过直接消除系统的部分振动能量来达到减振目的的[41]。被动阻尼技术消除系统振动能量的途径有 2 种：一种途径是在主结构系统上增加辅助系统，通过将主系统的能量转移至辅助系统达到对主系统减振的目的，如动力吸振器就是依据此原理工作的，在颗粒阻尼器中也存在这种减振机理，当颗粒与孔壁接触碰撞时，孔壁将主系统的部分动能转移至颗粒，从而使得主系统动能减少，振动减弱；另一种途径是以热量或声的方式将振动能量直接消耗掉，黏弹性或黏性阻尼以及摩擦阻尼均通过该机理消耗能量，在颗粒阻尼器中同样存在这种减振机理，当颗粒之间以及颗粒与孔壁之间有相对运动时通过摩擦消耗能量，同时由于颗粒之间以及颗粒与孔壁之间的碰撞是非完全弹性碰撞，所以碰撞时也有部分能量转化成热能被消耗掉。

颗粒阻尼器的耗能也可划分为内部耗能和外部耗能 2 种形式，颗粒与孔壁之间的冲击、摩擦的耗能属外部耗能，而颗粒与颗粒之间的冲击、摩擦的耗能属内部耗能。各种形式耗能的多少取决于系统的各种参数[42]。例如：振动水平较低时，颗粒不跳起与其他颗粒和孔壁发生碰撞冲击，此时的耗能主要是靠颗粒间以及颗粒与孔壁之间的摩擦；而在振动水平较高时，颗粒间以及颗粒与孔腔的冲击耗能所占比例将会增加。对颗粒阻尼器的减振效果进行理论研究时，所建模型必须能够全面考虑上述所用耗能形式，才能对不同系统参数作用下阻尼器的耗能情况进行可靠的仿真计算。

颗粒材料一般可为金属、陶瓷、砂砾、聚合物、复合材料等，由于铅、钨合金、陶瓷材料在相对运动或碰撞过程中能够产生较大能耗，故目前应用较多。颗粒阻尼器中可以采用单一材料的颗粒，也可以同时包含几种材料的颗粒；颗粒的大小和形状可以相同，也可以变化很大[43]。目前使用的颗粒形状主要有球状、柱状以及不规则形状等。颗粒的材料、形状、大小均对阻尼器的耗能效果产生明显影响。

颗粒阻尼器主要有以下几种结构形式：

（1）直接在结构上打孔，然后向其中加入颗粒，如图1-2所示。采用这种形式的颗粒阻尼器应保证打孔方便，还要仔细考虑打孔对结构强度的影响。

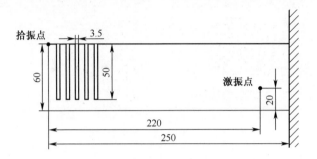

图1-2　结构形式之一

（2）在容器中装入一定量的颗粒并将其从外部附加在结构的合适位置，这时应保证结构上有空间可以放置颗粒阻尼器。结构形式见图1-3。

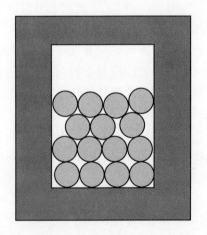

图1-3　结构形式之二

（3）管状颗粒阻尼器。将颗粒充满一个具有弹性的直管，并使颗粒之间有一定的预压力，将该直管装入直径较大的一个外管内，并将内管与外管的侧面固定。将该管状颗粒阻尼器附加于振动结构上，则结构体的振动会使内管发生弯曲振动，颗粒之间相对滑动，通过摩擦耗能；当振动较大时，内管与外管发生碰撞，系统同时通过碰撞以及摩擦消耗振动能量。结构形式见图1-4。

（4）"豆包"颗粒阻尼器。将聚合物制成的带空腔小球内装入部分颗粒，然后将小球放入结构上的空腔或者单独的减振器空腔内，构成"豆包"颗粒阻尼

6

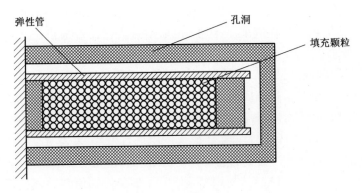

图 1-4　结构形式之三

器。结构振动时聚合物小球在腔体内滚动,内部颗粒互相碰撞、摩擦,同时颗粒与壁面相互碰撞、摩擦,消耗振动能量,起到减振作用。结构形式见图 1-5。

对于特定的结构、特定振动,可以通过优化颗粒阻尼器的各种参数,使其达到最佳阻尼减振效果。

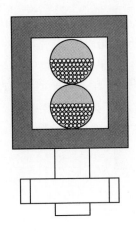

图 1-5　结构形式之四

1.2　颗粒阻尼技术

颗粒阻尼器是包含颗粒的腔体结构,其腔体有多种形式,可以是在现有结构适当位置加工出一系列孔腔,也可以是附加在结构上的独立腔体。在这些腔体中填入一定数量的颗粒或者粉末材料,在结构发生振动时,利用颗粒之间以及颗粒与孔腔壁之间的摩擦、碰撞进行能量耗散与转换,从而降低结构的振动。通常采用铁、铅、钨、铝等金属材料颗粒,因此在恶劣的温度环境仍具有良好的减振效果[44]。上述优点使其在汽车、海洋工程、航空航天器及普通机械装备中具有广泛的应用前景。

颗粒阻尼减振的思想最早始于土动力学,土木工程专家克列因[45]在20世纪30年代就开始对各种土质的动态特性进行了大量实验研究,并利用土的阻尼特性进行结构隔振设计。Schmit[46]研究了砂土的损耗因子,并认为其取决于砂土的静压力。Wolf[47]用实验确定了砂砾的阻尼效果,结果表明砂砾的阻尼依赖于振动幅值。Kerwin[48]基于上述实验提出了一种阻尼梁的损耗因子与振动幅值之间的经验公式。Kuhl等[20]用实验研究了加速度幅值与砂颗粒阻尼减振之间的关系。Richards等[49]对砂的特性阻抗、内损耗因子等特性做了进一步研究。Chow等[50]研究了砂粒板阻尼,首次采用固体中弹性波方程预估砂的损耗因子。除了在土动力学领域进行了大量的颗粒阻尼减振特性研究外,在结构动力学和地球物理科学领域也对颗粒阻尼减振进行了大量实验研究。如美国学者Lieber等[51]的工作,研究结果表明多颗粒阻尼器的减振效果比单颗粒冲击阻尼器的减振效果稍差。之后一段时间颗粒阻尼技术的研究未受到足够重视。Masri等[52-53]考虑将结构孔腔中添加微小颗粒(如钨合金粉体)进行减振实验,但未进行理论研究。从20世纪80年代末开始,Panossian等[54-55]对微颗粒阻尼进行了大量实验研究,研究结果表明,梁的一阶阻尼比由0.000148提高到0.0109,颗粒阻尼减振效果显著。在不同种类的颗粒阻尼技术中颗粒密度越大,效果越好。之后他们将颗粒阻尼用于铝质梁减振以及高频大振幅的航天飞机主发动机进口分流叶片上,施加颗粒阻尼后的最大振幅大幅度降低,取得了明显的减振效果。

在航空领域,采用整体叶盘、无凸肩设计是航空发动机叶片的发展趋势,届时目前广泛应用的缘板阻尼器、凸肩结构等干摩擦阻尼结构将不再适用。而由于黏弹性阻尼材料应用温度范围低于250℃,故颗粒阻尼减振是一种很有前途的阻尼形式,因此许多学者对颗粒阻尼减振应用于航空发动机叶片上做了大量实验研究。美国科学家所进行的研究较为全面[56],包括:基本特性实验,如颗粒材料、形状、大小、填充比、孔腔的大小、形状、激振力的作用方向等对颗粒阻尼的影响;温度对颗粒阻尼的影响;持久性实验;旋转实验等。但由于涉及军事用途,多数实验结果的详细材料未公开。从目前查得的资料获知,美国通用电气公司航空发动机部和波音公司火箭发动机分部对XTE45风扇叶片采用微颗粒阻尼减振进行减振研究,初步实验表明阻尼比可达到0.01左右[57]。Eric等[58]对旋转状态下颗粒阻尼器的减振效果进行了实验研究,实验结果表明,颗粒阻尼器在离心加速度达到5000g的情况下仍能够起到减振效果。Fowler等[59-60]以悬

8

臂梁为研究对象,通过实验研究了集中型颗粒阻尼器垂直和水平布置时的减振特点以及颗粒大小、颗粒与阻尼器壁之间间隙对阻尼的影响,指出水平布置的颗粒阻尼器具有更广的适应性。

国外学者主要是使用离散元法或颗粒动力学模型建立颗粒间、颗粒与孔壁间力与位移之间的本构关系,根据接触力学模型以及牛顿第二定律,建立每个单元的运动方程,求解各单元的运动方程以跟踪分析各颗粒及主体结构的运动特性,计算颗粒之间以及颗粒与孔壁间相对碰撞、摩擦所产生的阻尼效果。Bryce 等[61]、Steven 等[62-64]提出了一套研究颗粒阻尼减振效果的理论方法,在建立颗粒动力学模型时应用弹塑性理论考虑颗粒法向接触力的黏弹特征,采用普通的库仑摩擦模型描述切向摩擦力。Wong 等[66-68]基于神经网络方法和能量耗散理论研究了集中型颗粒阻尼器的非参数化宏观建模方法,并进行了实验研究。Verdirame 等[68]利用弹性波传播理论研究了填充低密度弹性微小颗粒的柱壳结构损耗因子随振动频率的变化关系,研究中将低密度微小颗粒组成的填充物看作可压缩流体,并通过实验验证了此方法的正确性,进而开辟了一种新的研究方法。Simonian 等[69-70]将颗粒阻尼器成功应用于方向盘的减振,以抑制汽车怠速时方向盘的振动,另外还应用于电动助力转向器以减小电机扭转振动,都取得了较好的减振效果。颗粒阻尼还被用来填充网球拍头部的空腔,结果表明大大增加了其冲击阻尼并降低了由冲击引起的振动[72]。颗粒阻尼还被用于降低天线的振动、磁盘驱动器的振动以及电源插座的噪声[73]。

国内对颗粒阻尼的理论和实验研究起步相对较晚,但也取得了一系列成果。国内关于颗粒阻尼减振理论研究工作进行较多的主要是西安交通大学[74-79]。西安交通大学建立了颗粒阻尼减振的摩擦耗能模型与碰撞耗能模型,摩擦耗能模型中假设颗粒完全均质、振动过程中不发生脱离、同一水平面内颗粒所受压力相同,碰撞耗能模型中假设颗粒间发生刚体碰撞,即碰撞过程通过能量转换对主体结构减振;陈天宇应用离散元法在赫兹(Hertz)理论和非完全弹性碰撞理论的基础上建立了球形以及椭球形颗粒间的法向、切向作用力与变形之间的关系,建立颗粒的运动方程,分析各颗粒的运动状态并进行时域跟踪;针对计算量过大的问题,陈天宇假设位于孔腔中的粉体颗粒为连续介质,应用内蕴时间塑性理论,建立了颗粒组合体的应力与应变关系,应用传统有限元方法从宏观上分析粉体阻尼机理,大大提高了计算效率。此外,还建立了球体的三维单元接触模型,给出了球体离散元算法,并对带颗粒阻尼器的单自由度振动系统振动特性进行了仿真计算;从碰撞力学的角度来建立颗粒单元的动力学分析模型,并计算损耗因子,计算结果与实验结果有很好的一致性。

上海理工大学杜妍辰、王树林课题组从理论和实验方面系统地研究了带颗粒阻尼器结构的减振机理、能量耗散机理,取得了很多创新性的成果[80-85]。应用此分段力学模型对颗粒的碰撞速度、颗粒材料参数包括屈服点、弹性模量、密度和颗粒大小对耗能效果的影响进行定量的分析计算。计算结果表明:材料的屈服点和弹性模量之比越小,碰撞耗能效果越好;同时,质量密度越大的材料,耗能效果也越好;在设计颗粒阻尼器时可以以此为原则选用碰撞伙伴的材质。对涡轮式分级机分级轮不同转速、风量、叶片间距及不同叶片倾斜角度下的颗粒运动轨迹进行了详细研究,计算结果表明:转速、风量、叶片间距和叶片角度是影响颗粒运动轨迹的主要因素;转速的增加和风量的减小均可以显著减小分级粒径的大小;叶片间距的减小使颗粒与叶片的碰撞次数增多。

同济大学鲁正等[86-91]和北京工业大学闫维明等[32,92-93]对颗粒阻尼技术在土木工程领域的应用研究开展了大量的原创性工作。提出一种颗粒调谐质量阻尼器,即通过摆绳将颗粒阻尼器悬挂于主体结构上,将目前广泛应用的调谐质量阻尼器与减振效能优越的颗粒阻尼器结合起来,以扩大减振频带,增加减振鲁棒性。通过附加和不附加颗粒调谐质量阻尼器的 5 层钢框架振动台实验,研究其在实际地震波以及上海人工波激励下的减振效果。实验结果表明:不同地震作用下该类阻尼器均能达到较好的减振效果,其中上海人工波的减振效果最好;对于多层钢框架结构,阻尼器能够有效控制第 1 振型的振动,但是对于高阶振型的控制作用无法保证;当阻尼器频率与主体结构基频相同时,能够达到最优减振效果,而当二者频率不同时,依然有一定的减振效果,说明其具有一定的鲁棒性;在合适的质量比下,阻尼器能够达到最佳减振效果;当颗粒到容器内壁净距为1.6D~3.6D 时,可使阻尼器响应最小,且减振效果较好。

武汉理工大学胡溧和华中科技大学黄其柏教授在颗粒阻尼减振领域也开展了大量有价值的研究工作[95-98]。利用回归设计的方法对颗粒阻尼进行二次回归正交组合实验,建立了其减振特性的非线性回归模型,并通过实验验证了该回归模型的正确性。分析得到颗粒阻尼减振特性与主要参数之间的关系,并利用非线性优化的方法对颗粒阻尼的参数进行了优化设计。

南京航空航天大学陈前课题组[99-103]对电磁场作用下电磁颗粒阻尼器的减振效果进行了理论分析和实验研究。理论和实验结果表明:在一定振动强度下,可以通过施加直流电磁场的方法,加大颗粒体与振动系统间的动量交换,提高对结构振动的抑制作用;同时增大磁颗粒之间的接触压力,由此加大摩擦力,进而提高阻尼器的摩擦耗能。利用软球模型对颗粒阻尼器的耗能特性进行了三维数值仿真研究,而在控制激励水平时,不仅仅关注了振动加速度幅值,同时研究了振动速度幅值和位移幅值对颗粒阻尼器耗能特性的影响。结果表明,在控制激励频率时,颗粒阻尼器的损耗功率随激励加速度幅值、速度幅值以及位移幅值的增加而增加。

北京航空航天大学王延荣课题组[104-107]开展了二维振动结构颗粒阻尼系统的实验和数值仿真研究,研究结果表明:存在临界无量纲加速度使得颗粒阻尼最大;随着二维空腔尺寸的增加,颗粒阻尼呈现增加趋势,且阻尼峰值向无量纲加速度增大的方向偏移。

北京航空航天大学刘献栋、单颖春课题组[108-114]从板梁结构颗粒阻尼的减振机理、颗粒阻尼减振系统的仿真算法到颗粒阻尼技术在航天装备支架结构和汽车制动鼓领域的应用做了大量的工作,提出的离散元-有限元耦合仿真算法极大地提高了仿真效率。江苏科技大学夏兆旺等[115-119]进一步研究了颗粒阻尼技术的应用和半主动颗粒阻尼减振技术及其在海洋平台桁架结构减振中的应用,研究了应用支持向量机(Support Vector Machine,SVM)预测颗粒阻尼结构的振动特性,并开发了相关软件,促进了颗粒阻尼技术的应用。

有关颗粒阻尼的理论研究,主要集中在以下几个方面:①采用基于神经网络方法和能量耗散理论研究集中型颗粒阻尼器的非参数化宏观建模方法,利用神经网络方法对填充颗粒材料机械系统的阻尼参数进行预测[120-121];②在气-固两相流理论的基础上,分析颗粒阻尼内部作用力的相互关系,进而研究影响颗粒阻尼减振特性的相关因素及其变化规律[122];③在赫兹接触理论的基础上应用离散元法建立每个单元的运动方程,求解各单元的运动方程以跟踪分析各颗粒及主体结构的运动特性,计算颗粒之间以及颗粒与孔壁间相对碰撞、摩擦所产生的阻尼效果[123-124]。由于颗粒与颗粒、颗粒与孔壁之间的碰撞和摩擦使得颗粒阻尼器具有高度非线性的特点,致使目前尚未形成统一的理论方法,并且理论计算结果与实验结果之间常存在较大误差,对设计和应用的指导作用有限。迄今为止,还有大量问题尚未解决,如带颗粒阻尼器结构非线性响应求解计算量大、误差大,尚未形成有明显优势的理论研究方法等。离散元-有限元耦合算法用于求解带颗粒阻尼器的复杂结构,可大大提高仿真速度。虽然国内外学者在该领域进行了一系列研究,在理论和工程中也取得了一些成果,但都是关于被动颗粒阻尼技术的研究,而关于半主动颗粒阻尼技术的理论研究报道较少。

在颗粒阻尼实验研究方面,国内外学者都做了大量的实验验证工作和应用研究,主要为颗粒阻尼器参数和阻尼特性之间的非线性关系。但由于颗粒材料的不规则形状,颗粒的运动状态十分复杂,可能出现部分聚团现象,实验手段无法区分聚团现象。另外,实验研究主要是针对颗粒自身变化(颗粒大小、颗粒材料等)对阻尼特性的影响,而没有关注阻尼器内部结构的改变对阻尼特性的影响。因此,如何通过实验方法研究颗粒参数和阻尼器参数与系统阻尼特性之间的关系,不仅可以验证理论分析结果,更为进一步通过控制颗粒参数和阻尼器参数使系统达到最佳减振效果奠定基础。目前的实验研究主要集中在被动颗粒阻尼技术[125-126],关于半主动颗粒半主动智能阻尼技术的研究报道较少[127],半主动颗粒阻尼器示意图如图1-6所示。

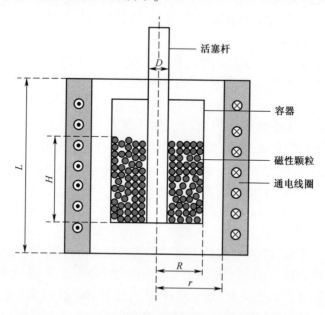

活塞杆

容器

磁性颗粒

通电线圈

图1-6　半主动颗粒阻尼器示意图

1.3　用于颗粒阻尼减振仿真的离散元法

　　Cundall 等[128-129]提出了一种通用的将非线性问题和动力松弛过程相结合的模型,该模型的基础是牛顿第二定律,其基本思想是按散粒体颗粒的形状将其分为两类:一类为圆形单元;另一类为多边形单元。并假设:①单元是刚性的,即单元的几何形状不会因单元间的挤压力作用而改变;②由于计算时步间隔取得足够小,单元的速度和加速度在一个时步内为常量,并且单元在一个时步内只能以很小的位移与其相邻单元作用,其作用力也只能传递到其邻接单元,而不能传递得更远;③单元间的连接形式是依靠相互接触实现的,在平面问题中圆形单元为点接触,多边形单元为角与边或边与边接触。

　　离散元法的思想源于分子动力学,它为利用数值模拟的方法研究散粒物料的力学行为提供了可能。离散元法将整个散体看作离散单元的组合,分为颗粒和块体两大系统,每个颗粒或块体为一个单元,根据单元间力的相互作用和牛顿

12

运动定律描述散体群行为。其运算法则是以运动方程的有限差分为基础,以颗粒间作用模型为理论核心。离散元法用来模拟离散的颗粒间碰撞过程,以及经过几百次甚至上千次的碰撞后,颗粒的一些运动特性。根据处理问题的不同,选用的颗粒模型不同,因此计算方法也不同。

1. 离散元法算法的特点

离散元法的计算过程主要包括以下几个方面:

(1) 接触判断,相互作用关系、作用物理量计算。

(2) 运动方程判断,单元物理量的更新。

(3) 其他等效物理场的计算。

(4) 计算时间增量,进入下一个时间步。

2. 当前研究重点以及发展状况

离散元法的研究和应用已有 30 年的历史了[130-133],众多的学者已发表了大量的文献。但是,总体上来看,利用离散元法计算工程问题的应用文章占绝大多数,而研究离散元法的理论和算法的文章却很少。离散元法自它诞生的那天起就带有缺乏理论严密性的先天不足,因此有人指出离散元法是经验计算,理论基础的欠缺在块体元模型中尤为明显,运动、受力、变形这三大要素都有假设(或简化)。虽然之后人们对块体元模型进行了改进,具有完备的运动学理论,严格按能量法建立平衡方程,正确的能量耗散,具有较高的可靠性,但是单元内部的应力分布(或应变分布)的计算精度同有限元法尚有差距。总之,应加强离散元法基础理论、基础算法及误差分析方面的研究,并汲取有限元法等数值方法的优点,使之既能保持在描述散体的整体力学行为和力学演化全过程方面的优势,又能有效描述介质局部连续处应力状态和变形状态。使离散元法的模型建立真正满足几何仿真、物理(本构)仿真、受力仿真和过程仿真的原则,是离散元法研究领域的首要工作。另外,通过与实验结果、理论解及其他数值方法的计算结果进行比较,把握离散元法的计算精度和计算效率,进而对离散元法的建模和算法进行改进也是必不可少的,近年来这方面的工作有所加强[134-135]。

王泳嘉等[136-137]采用离散元法研究了岩层内部直至地表的动态移动过程,并用实测资料得到了动态移动关系,验证了离散元法的分析结果。Rong 等[138]用离散元法模拟了均质、无弹性、有摩擦且变形的圆盘组成的块体物料的机械性能,为了提高计算效率,模拟程序综合利用两种接触搜索,即邻居链表搜索和网格检索,还讨论了程序设计与使用的相关问题。俞良群等[139-140]用离散元法研究了筒仓内部压力和物料颗粒速度场,并探讨了颗粒密度和物料密度的影响。徐泳等[141-142]采用颗粒离散元法模拟了无黏干颗粒和黏性颗粒在平底仓中的卸料全过程,发现颗粒的材料模量对卸料特性影响甚小,而颗粒表面黏性对卸料流率有显著的迟滞作用,在大出口的情况,结拱不易形成,并出现颗粒自由下落现象。

Tanaka 等[143-144]用离散元法构造土壤机械性能,进行棒穿透实验,研究了金属棒插入土壤时土壤变形和阻力,且就目前存在的一些问题进行了讨论。Yasunobu 等[145]利用离散元法模拟了螺旋混合器内颗粒的三维流动,结果发现颗粒在叶片区和中心区分别向上、向下流动时轴向混合得很差,另外床高对颗粒的混合和循环影响很大。Stewart 等[146-147]测定了搅拌混合器中颗粒的流动,实验证明离散元法可以获得混合器内部更多细节的数据,可以用于指导混合器的设计和操作。Rhodes 等[148-149]以跟踪颗粒的浓度变化为混合指标,通过离散元法获得混合速率和平衡态下的混合度等参数。赵跃民等[150-151]对一个矩形振动盒内粒群的运动状态进行了离散元模拟,选择合理的计算参数进行模拟,将模拟结果与实验结果做了比较,证实了模拟结果同实验结果能够很好地吻合。Sakaguchi 等[152-153]分别用离散元法与实验方法研究了同规模的稻谷与大米的振动分离,结果表明只有与分离盘底部相接触的颗粒才受壁的影响。Cleary 等[154-155]提出了一个利用颗粒分布来表征颗粒混合程度的方法,使用离散元法模拟了铲斗挖土、转筒内的混合以及离心研磨机的加料过程,发现颗粒的物性和形状对混合的影响很大。Asmar 等[156-157]介绍了离散元法程序的测试方法,讨论了胡克定律应用范围及优缺点,还描述了减少离散元法计算时间的技巧。

Langston 等[124-160]用离散元法模拟无黏性的二维盘式与三维球式颗粒体的料仓填料与卸料的过程,比较了填料后的静态应力与排料期间的动态应力,还研究了物料内破裂区的外观和与壁相互作用时的相关应力极值。刘红等[161]以球形颗粒离散元法中的 3 种接触算法为基础,分别将这 3 种方法并入到自行开发的离散元程序中,模拟 5 个不同颗粒数量的砂堆形成过程。许志宝[162]对散粒农业物料大豆种子的物理机械性能进行研究,建立了分析大豆种子的三维球体离散元法计算模型,并利用其开发的基于离散元法的二维和三维集成分析设计软件,对大豆的碰撞过程进行仿真分析,仿真分析结果与实验结果能较好地一致。

杨洋等[163-164]为了解决颗粒离散元法中阻尼系数等参数选取困难的问题,对岩体工程中的离散元法与颗粒离散元法进行区分,着重讨论颗粒离散元法中阻尼系数、刚度系数和时步等参数的选取方法。温彤等[165]提出了一种考虑颗粒变形以及不同材料特性的离散元法的多边形颗粒模型,根据该模型开发了相应的离散元法程序。应用有限元方法和离散元法模拟了弹性颗粒的碰撞过程。王勇等[166]从离散元法的基本原理和岩体裂隙网络渗流的特点出发,以节理开度变化为纽带,对裂隙岩体渗流场与应力场耦合的离散网络模型进行分析,并用离散元数值方法结合算例分别进行了渗流场与应力场的耦合、非耦合计算。

有限元法、边界元法等传统数值方法适合于解决连续介质问题,而离散元法适合于界面弱连接的非连续介质问题或连续体到非连续体转化的材料损伤破坏问题[167]。因此,如果能将离散元法与有限单元法和边界单元法等有机地结合起来,便能充分发挥各自的长处,并可扩大该数值方法的范围。离散元方法与分子动力学方法、无网格方法以及其他粒子方法等新兴算法具有很大的相似性,可以利用这一点建立这些算法的统一算法平台。不难发现这几种算法的共同之处在于:它们都是将信息存储于一个节点上,通过节点间的相互作用建立相互联系。也就是说,它们具有统一的或相似的数据存储模式和运算机制,因此完全可以将具有统一特性的众多模型划归于一个统一的计算框架。不同算法的通用化和统一化所产生的通用计算平台可以大大扩展算法的应用范围,为研究传热、传质和化学反应过程相耦合的复杂系统及多尺度问题提供了有力的计算工具。离散元与其他算法的融合是其推陈出新不断向前发展的一个明显趋势。文献[167-170]就是基于这些思路,针对颗粒阻尼器应用于结构减振降噪的特点,提出了一种基于离散元和有限元的耦合仿真算法,并将其应用于带颗粒阻尼器平板结构和制动鼓结构的仿真计算,分析颗粒阻尼器各种参数对减振效果的影响。

1.4　用于颗粒阻尼减振评价的功率流法

结构减振效果的评价指标有阻尼比、力传递率、功率流等。功率流分析方法在 20 世纪 60 年代初被引入到减振理论中,其主要优点有:给出了振动传输的一个绝对度量,这既包含力和速度的幅值大小,也考虑了它们之间的相位关系。功率流密度可以在结构上某点通过测量获得,从而了解系统内部的能量分布情况。对振动系统进行功率流分析,易于理解振动传输机理,可以将系统损耗功率、结构储能变化率和功率流相互联系起来进行研究,有利于减振系统的设计。

由于功率流的大小总是与结构的参数密切相关,因此可以通过它判断一个隔振结构性能优劣并进行相应的结构修改,从而达到隔振设计的目的。系统动力特性分析手段上的差别,形成了不同特点的功率流方法。

20 世纪 80 年代初,Goyder 等[171]首次研究了机器和基础结构间的功率流传递机理,用结构的频率响应特性来简化实际结构分析,求得梁和板在力和扭矩激励下近场与远场的功率流。Nefske 等[172]提出一种梁的功率流有限元方法,在"控制体积"内将有限元技术引入到热传导型的偏微分方程中,被认为是能量有限元的发端。Beale 等[173]采用波散射法研究了二维和三维梁框架系统的对应轴向、扭转、弯曲波动模态功率流传递,也就是框架中每个部件处理成可以传递轴向、扭转、弯曲波模态的波导问题;在中、高频段梁的弯曲模态中考虑了剪切和转动惯量的影响。Wang 等[174]提出了能量边界元法,将不相关的声源在边界上的声能密度引入到间接分布的边界积分方程,提出了类似传统边界元的能量边界元法。指出能量边界元法是处理高频下的流-固耦合问题的统计能量分析的替代方法,可以解决传统边界元处理中高频问题的不足。

国内也对功率流法进行了大量的研究。赵曦等[175-176]将传统的有限元和能量有限元结合起来建立了混合的有限元表达式,来处理结构在中频段响应特性。盛美萍等[177-179]利用导纳功率流方法研究了通过多个非保守耦合元件传递到弹性结构的振动功率流,并讨论了非保守耦合元件特性、安装相对位置等对结构之间功率流传输的影响。实验研究是功率流研究方法中重要的手段。明瑞森[180]应用结构声强技术研究建筑结构中弯曲波声强的测量,以传统方法获得的结构总损耗能量测量值为参考,基于95%合成置信区间研究弯曲波声强的测量精度。

国内外学者对功率流方法在振动中的研究也做了大量工作。徐慕冰等[181]在考察充液圆柱壳波传播的基础上,分析壳体各内力传播的功率流,将结果与真空中的圆柱壳、水下圆柱壳的情况进行比较,得出了一些有价值的结论。张冠军等[182]研究了近似无限长自由曲梁的纵弯耦合波运动和功率流,研究了由激励输入曲梁的功率流和功率流在曲梁中的传播。闫安志等[183]对相互垂直、一般连接、受横向激励力的三维耦合板进行了功率流研究,导出了输入到源极的弯曲波功率流表达式和传递到接收板的传递导纳功率流表达式。刘雁梅等[184]针对工程上常用的加筋板结构,推导出了加筋板振动方程,并用拉普拉斯变换法对方程进行了求解,从理论上分析了激励位置、肋骨和非阻塞性颗粒阻尼对板结构振动功率流的影响规律。理论分析和实验研究表明,颗粒阻尼能有效地抑制振动能量流的输入及峰值功率流,从而有利于降低板的噪声辐射。赵群等[185]基于振动的功率流理论和一般概率摄动法,研究了多源激励浮筏隔振系统频域内振动传递路径的功率流传递概率的度量问题,提出了频域内振动传递路径系统的功率流传递度的新概念和方法,在考虑工程中的不确定因素以后,在频域内清晰地描述了振动传递路径系统的功率流传递度。

近年来,许多学者都针对柔性隔振系统进行了相关的研究。冯德振等[186]针对非对称多支撑多扰动源弹性基础弹性浮筏系统,用子结构导纳的方法研究了影响功率谱的主要因素有隔振器刚度与阻尼、机器质量、浮筏刚度与质量、基础梁与浮筏的结构阻尼和基础梁刚度等参量。林水秋[187]提出了柔性体等效振源的概念,该等效振源可以替代原激励源进行隔振系统的设计,并对该振源的识别问题进行了研究。对多激励源的隔振系统,以传递到基础功率流最小为目标,进行隔振系统的优化设计。马业忠等[188]针对工程实际中柔性基础的隔振问题,建立了机器-非线性隔振器-柔性基础组成的隔振系统理论模型,并通过计算分析了主谐波分量对于基础的振动功率流输入,讨论了隔振器的非线性阻尼和刚度特性对系统隔振效果的影响。

1.5 用于颗粒阻尼性能预测的支持向量机方法

支持向量机(SVM)由 Vapnik 等于 1995 年首先提出,是一种新型的基于统计学习理论的学习机器[189]。统计学习理论被认为是目前针对小样本统计估计和预测学习的最佳理论,专门针对有限样本情况,其目标是得到现有信息下的最优解而不仅仅是样本趋于无穷大时的最优值。它从理论上较系统地研究了经验风险最小化原则成立的条件、有限样本下经验风险与期望风险的关系、结构风险最小化原则的理论思想以及实现这一新原则的实际方法[190-192]。由于 SVM 基于结构风险最小化准则(Structural Risk Minimization,SRM)的基本思想,不同于神经网络等传统方法以训练误差最小化作为优化目标,而是以训练误差作为优化问题的约束条件,以置信区间最小化作为优化目标,因此 SVM 的泛化能力要明显优越于神经网络等传统学习方法。此外,由于 SVM 将实际问题通过非线性变换转换到高维的特征空间,在高维空间中构造线性判别函数来实现原空间中的非线性判别,这一特殊的性质能保证机器有较好的泛化能力,同时它还巧妙地解决了维数灾难问题,使得其算法复杂度与样本维数无关,且最终将转化成为一个二次型寻优问题,从理论上讲得到的将是全局最优点。所以,SVM 一经提出就得到了广泛的重视,并且被广泛地应用在金融、控制、工程、预测等各个领域中[193-195]。

张家树等[196-198]结合局域预测法计算速度快的优点和 SVM 的泛化性能好、全局最优、稀疏解等特性,用局域 SVM 预测研究了时空混沌序列的局域预测性能,并用局域 SVM 预测模型讨论了嵌入维数、邻近个数选择以及时空混沌的耦合方式和格子间的耦合强度变化对时空混沌局域预测性能的影响。冯志刚等[199-200]提出了一种基于最小二乘支持向量机(LS-SVM)回归的时间序列预测器,并将其用于传感器的故障检测和数据恢复。论述了 LS-SVM 预测器的实现方法和步骤,并且将其应用于压力传感器的故障检测和数据恢复,同线性神经网络预测器、径向基函数(RBF)神经网络预测器和反向传播(BP)神经网络预测器的比较结果表明,LS-SVM 预测器具有更高的预测精度,更好的外推能力,计算效率最高。孟洛明等[201-202]提出了基于向量机回归预测的置信度划分机制,该机制充分利用本地数据和历史数据来预测传感器的未来测量值,并根据预测的测量值与实际采集数据值的对比有效地划分成不同的置信等级,最后基于置信数据集分析得出相应的置信条件进行故障检测。任顺等[202-203]提出了一种基于 SVM 理论的光能利用效率预测方法。同步采集黄瓜叶片的叶绿素荧光光谱、净光合速率和光合有效辐射,选取 500~800 nm 波段的叶绿素荧光光谱作为研究对象,利用 Saritzky-Golay 平滑法和一阶导数变换对光谱信息进行预处理;其次对预处理的光谱采用主成分分析方法提取特征值,根据累计贡献率选取前10 个主成分代替原光谱信息;最后通过 SVM 建立光能利用效率预测模型。

综上所述,由于 SVM 建立在统计学习理论的 VC 维(Vapnik-Chervonenkis Dimension)理论和结构风险最小化原则基础上,不但较好地解决了以往困扰很多神经网络学习方法的小样本、过学习、高维数、局部最小等实际应用问题,而且具有更强的推广能力,为解决时间序列预测建模提供了一种新的有效途径[194,204-205]。因此,根据极小子样情况下动调陀螺仪寿命预测研究的特点,拟采用专门研究小样本统计估计和预测学习的最佳预测器——SVM 对动调陀螺仪寿命进行预测研究与分析。同时,考虑到灰色预测中的累加生成操作能够增强原始数据序列的规律性,减小数据模型的复杂度,可以进一步改善 SVM 建模预测性能和精度[206]。

由于 SVM 坚实的理论基础和它在很多领域表现出的良好性能,目前国际上正在广泛开展对 SVM 的研究。以下是其中主要的研究热点:

(1) 标准的 SVM 算法都是针对两类问题的,因此,如何将两类分类问题推广到多类问题上,是目前研究的一个热点。有研究认为,将 SVM 扩展到多类问题,本质上是求解多个两类问题。

(2) 在 SVM 中有许多参数需要事先给定,如惩罚系数、核参数等。核函数的形式以及涉及参数的确定将直接影响分类器的类型和复杂程度。最常用的模型选择方法是交叉验证(Cross Validation)和网格搜索(Grid Search)。

(3) SVM 在理论上有突出优势,但与理论研究相比,应用研究尚比较滞后。将 SVM 运用到特定领域解决特定问题无疑也是今后的一个研究热点。甚至有人预测,SVM 将成为继神经网络后的又一重要应用研究热点。现在在模式识别,包括字符识别、文本自动分类、人脸检测、头的姿态识别以及函数逼近、数据挖掘和非线性系统控制中均有很好的应用。

参 考 文 献

[1] 王建军,李其汉. 航空发动机失谐叶盘振动减缩模型与应用[M]. 北京:国防工业出版社,2009.
[2] 李勇,胡伟,王德友,等. 非接触式转子叶片振动测试技术应用研究[J]. 航空动力学报,2008,23(1):

21−25.

[3] 刘大响. 航空发动机技术的发展和建议[J]. 中国工程科学,1999,12(2):24−29.

[4] 朱石坚,何琳. 舰船水声隐身技术(二)[J]. 噪声与振动控制,2002,22(4):17−19.

[5] 朱英富,张国良. 舰船隐身技术[M]. 哈尔滨:哈尔滨工程大学出版社,2003.

[6] 邹春平,陈端石,华宏星. 船舶结构振动特性研究[J]. 船舶力学,2003,7(2):102−115.

[7] 张力. 导管架海洋平台冰激振动控制的实验研究[D]. 大连:大连理工大学,2008.

[8] 欧进萍,何林,肖仪清. 基于ARMA模型和自由振动提取技术的海洋平台结构参数识别[J].应用数学和力学,2003,24(4):398−404.

[9] 范蓉平,孟光,孙旭,等. 基于心理声学响度分析的高速列车车内噪声评价[J]. 振动与冲击,2005,24(5):46−48.

[10] Gabrielsson A,Sjögren H. Perceived sound quality of sound-reproducing systems[J]. Journal of the Acoustical Society of America,1979,65(4):1019−1032.

[11] Guski R. Psychological methods for fvaluating sound quality and assessing acoustic information[J]. Acta Acustica United with Acustica,1997,83(5):765−774.

[12] Olgac N,Holm-Hansen B T. A novel active vibration absorption technique:Delayed resonator[J]. Journal of Sound Vibration,1994,176(1):93−104.

[13] Qiu Z C,Zhang X M,Wu H X,et al. Optimal placement and active vibration control for piezoelectric smart flexible cantilever plate[J]. Journal of Sound & Vibration,2006,301(3):521−543.

[14] Chandrashekhara K,Agarwal A N. Active vibration control of laminated composite plates using piezoelectric devices:A finite element approach[J]. Journal of Intelligent Material Systems & Structures,1993,4(4):496−508.

[15] 肖望强,黄玉祥,李威,等. 颗粒阻尼器配置对齿轮传动系统动特性影响[J]. 机械工程学报,2017,53(7):1−12.

[16] Darabi B,Rongong J A. Polymeric particle dampers under steady-state vertical vibrations[J].Journal of Sound & Vibration,2012,331(14):3304−3316.

[17] Sánchez M,Carlevaro C M. Nonlinear dynamic analysis of an optimal particle damper[J].Journal of Sound & Vibration,2013,332(8):2070−2080.

[18] 李其汉,王延荣,王建军. 最大限度地降低航空发动机叶片高循环疲劳失效[C]. 航空发动机叶片故障及预防研讨会,北京,2005.

[19] 李其汉,王延荣,王建军. 航空发动机叶片高循环疲劳失效研究[J]. 航空发动机,2003,29(4):16−18.

[20] Kuhl W,Kaiser H. Absorption of structure-borne sound in building materials with and without sand-filled cavities[J]. Acoustics,1952,2(2):179−188.

[21] Gordon R B,Davis L A. Velocity and attenuation of seismic waves in imperfectly elastic rock[J]. Journal of Geophysical Research,1986,73(12):3917−3935.

[22] 胡海岩,田强,张伟,等. 大型网架式可展开空间结构的非线性动力学与控制[J]. 力学进展,2013,43(4):390−414.

[23] 田强,胡更开,胡海岩. 可展开空间结构动力学与控制专题·编者按[J]. 中国科学:物理学 力学 天文学,2017,33(10):128−136.

[24] 李矿,熊峻江,马少俊,等. 航空铝合金系列材料裂纹扩展性能的温度效应[J]. 北京航空航天大学

学报,2017,43(4):761-768.

[25] 廖冰,罗永峰. 基于振型贡献系数的空间结构振动反应研究[J]. 空间结构,2014,20(1):36-42.

[26] 刘伯威,杨阳,熊翔. 汽车制动噪声的研究[J]. 摩擦学学报,2009,29(4):385-393.

[27] 蔡旭东,蒋伟康. 鼓式制动器噪声机理及对策研究[J]. 汽车工程,2002,24(5):391-394.

[28] Veeramuthuvel P,Sairajan K K,Shankar K. Vibration suppression of printed circuit boards using an external particle damper[J]. Journal of Sound & Vibration,2016,366(5):98-116.

[29] Papalou A,Strepelias E,Roubien D,et al. Seismic protection of monuments using particle dampers in multi-drum columns[J]. Soil Dynamics & Earthquake Engineering,2015,77(6):360-368.

[30] Simonian S,Brennan S. Parametric Test results on particle dampers[C]. AIAA/ASME/ASCE/AHS/ASC Structures,Structural Dynamics,and Materials Conference,Santiago,2013.

[31] Marhadi K S,Kinra V K. Particle impact damping:effect of mass ratio,material,and shape [J].Journal of Sound & Vibration,2005,283(1):433-448.

[32] 闫维明,黄韵文,何浩祥,等. 颗粒阻尼技术及其在土木工程中的应用展望[J]. 世界地震工程,2010,26(4):18-24.

[33] Xia Z W,Kai J M,Wang X I,et al. Study on semi-active particle damping technology for offshore platform truss structure[J]. Journal of Vibroengineering,2016,18(7):4248-4260.

[34] Saeki M,Mizoguchi T,Bitoh M. Particle damping:Noise characteristics and large-scale simulation[J]. Journal of Vibration & Control,2017,56(8):1077-1092.

[35] Veeramuthuvel P,Shankar K,Sairajan K K. Application of RBF neural network in prediction of particle damping parameters from experimental data[J]. Journal of Vibration & Control,2015,23(6):156-168.

[36] Simonian S. Particle damping applications[J]. AIAA Journal,2013,34(7):245-259.

[37] Saeki M. Analytical study of multi-particle damping[J]. Journal of Sound & Vibration,2005,281(5):1133-1144.

[38] Els D N J. Damping of rotating beams with particle dampers:Discrete element method analysis[C]. AIAA/ASME/ASCE/AHS/ASC Structures,Structural Dynamics,and Materials Conference,Los Angeles,2013.

[39] Panossian H V. Structural damping enhancement via non-obstructive particle damping technique [J]. Journal of Vibration & Acoustics,1992,114(1):101-105.

[40] Friend R D,Kinra V K. Particle impact damping[J]. Journal of Sound and Vibration,2000,233(1):93-118.

[41] Fowler B L,Flint E M,Olson S E. Design methodology for particle damping[C]//Smart Structures and Materials 2001:Damping and Isolation. International Society for Optics and Photonics,Washington,2001.

[42] 李伟,胡选利. 柔性约束颗粒阻尼耗能特性研究[J]. 西安:西安交通大学学报,1997,31(7):23-28.

[43] Papalou A,Masri S F. An experimental investigation of particle dampers under harmonic excitation[J]. Journal of Vibration and Control,1998,4(4):361-379.

[44] Saeki M. Analytical study of multi-particle damping[J]. Journal of Sound & Vibration,2005,281(3):1133-1144.

[45] 克列因 F K. 散离体结构力学[M]. 陈万佳,译. 北京:中国铁道出版社,1983.

[46] Schmit H. Die Schallausbreitung in Kornigen Substanzen[J]. Acoustics,1954,4(4):639-652.

[47] Wolf N D. Results of loss factor measurements on concrete beams using a viscoelastic or some damping systems [C] // ASD-TRD-82-717-Wright- Patterson AFB,Ohio,1962.

[48] Kerwin E M. Macro mechanisms of damping in composite structure [C]//Paper Published at the 67th Annual Meeting of ASTM on internal Friction Damping and Cyclic Plasticity, ASTM- STP, 1964.

[49] Richards E J, Lenzi A. On the prediction of impact noise VII the structure damping of machinery[J]. Journal of Sound & Vibration, 1984, 97(4):549-586.

[50] Chow L C, Pinnington R J. On the prediction of loss factors of plates using sand gtanual material [D]. Southampton: University of Southampton, 1986.

[51] Lieber P, Jensen D P. An acceleration damper: Development, design, and some applications [J]. Journal of Applied Mechanics, 1945, 67(10):523-530.

[52] Masri S F. Periodic excitation of multiple-unit impact dampers[J]. Journal of the Engineering Mechnics Division, 1970, 96(10):1195-1207.

[53] Masri S F. Analytical and experimental studies of multiple-unit impact dampers[J]. The Journal of the Acoustical Society of America, 1969, 45(5):1111-1117.

[54] Panossian H V, Johnson V J, Rogers L. Non-obstructive particle damping tests on aluminum beams [C]. the Damping' 91 Conference, San Diego, 1991.

[55] Panossian H, Kovac B. Optimal Non-Obstructive Particle Damping (NOPD) Treatment Configuration [C]. AIAA/ASME/ASCE/ASH/ASC Structures, Structural Dynamics and Materials Conference, Chicago, 2006.

[56] Friend R D, Kinra V K. Particle impact damping[J]. Journal of Sound & Vibration, 2000, 233(1): 93-118.

[57] Kielb R, Macri F, Oeth D, et al. Advanced damping systems for fan and compressor Bilks [C]. 34th AIAA/ASME/SAE/ASEE Joint Propulsion Conference and Exhibit, Chicago, 1998.

[58] Eric M, Flint E M. Experimental measurements of the particle damping effectiveness under centrifugal Loads [C]. 4th National Turbine Engine High Cycle Fatigue Conference HCF'99 (CD-ROM) Monterey, California, 1999.

[59] Folwer B L, Flint E M, Steven E O. Effectiveness and predictability of particle damping [C]. SPIE 7th International Symposium on Smart Structures and Materials, Newport Beach, 2000.

[60] Fowler B L, Flint E M, Olson S E. Design methodology for particle damping[C]//Smart Structures and Materials 2001: Damping and Isolation. International Society for Optics and Photonics, Washington, 2001.

[61] Bryce L, Fower, Eric M, et al. Effectiveness and predictability of particle damping [C]. SPIE 7th International Symposium on Smart Structures and Materials, Newport Beach, 2000.

[62] Steven E, Olson, Michael D, et al. Development of analytical methods for particle damping[C]. 3rd High Cycle Fatigue Conference, San Antonio Texas, 1997.

[63] Steven E, Olson. Design methodology for particle damping [C]. Conference on Smart Structures and Materials, Newport Beach, 2001.

[64] Steven E, Olson. an analytical particle damping model[J]. Journal of Sound & Vibration, 2003, 26(4): 1155-1166.

[65] Wong C X, Rongong J A. Micro-model characterisation and application of particle dampers to vibrating structures[C]. 47th AIAA/ASME/ASCE/AHS/ASC Structures, Structural Dynamics, and Materials Conference, Rhode Island, 2006.

[66] Wong C X, Daniel M C, Rongong J A. Energy dissipation prediction of particle dampers [J]. Journal of Sound & Vibration, 2009, 319(1):91-118.

［67］ Wong C, Rongong J. Control of particle damper nonlinearity[J]. AIAA Journal,2009,47(4):953-960.

［68］ Verdirame J M, Nayfeh S A. Vibration damping of cylindrical shells using low-density granular materials ［C］. 47th AIAA/ASME/ASCE/AHS/ASC Structures, Structural Dynamics, and Materials Conference, Rhode Island,2006.

［69］ Simonian S S. Particle beam damper ［C］. SPIE, Liverpool,1995.

［70］ Simonian S S. Particle damping applications ［C］. 45th AIAA/ASME/ASCE/AHS/ASC Structures, Structural Dynamics, and Materials Conference, Madrid ,2004.

［71］ Simonian S, Camelo V, Brennan S, et al. Particle damping applications for shock and acoustic environment attenuation[C]. 49th AIAA/ASME/ASCE/AHS/ASC Structure, Structural Dynamics and Materials Conference, Paris,2008.

［72］ Ashley S. A new racket shakes up tennis[J]. Mechanical Engineering,1995,117(8):80-91.

［73］ Olson S E, Development of a mathematical model to predict particle damping ［D］. Dayton:The University of Dayton,2001.

［74］ 毛宽民,陈天宁,黄协清.悬臂梁的非阻塞性微颗粒阻尼减振模型研究[J].西安交通大学学报, 1999,33(10):35-38.

［75］ 张凯,陈天宁,王小鹏.非阻塞性颗粒阻尼器内部的颗粒莱顿弗罗斯特现象[J].西安交通大学学报,2016,50(8):15-19.

［76］ Wang D, Wu C. A novel prediction method of vibration and acoustic radiation for rectangular plate with particle dampers[J]. Journal of Mechanical Science & Technology,2016,30(3):1021-1035.

［77］ Cui Z Y Wu J H, Chen H L, et al. A quantitative analysis on the energy dissipation mechanism of the non-obstructive particle damping technology[J]. Journal of Sound & Vibration,2011,330(11):2449-2456.

［78］ Zhang K, Chen T N, Wang X P, et al. Rheology behavior and optimal damping effect of granular particles in a non-obstructive particle damper[J]. Journal of Sound & Vibration,2016,364(9):30-43.

［79］ 刘雁梅.非阻塞性颗粒阻尼加筋板壳振动功率流特性研究[D].西安:西安交通大学,2000.

［80］ 杜妍辰,张虹.组合式颗粒阻尼器的减振实验研究[J].中国机械工程,2015,26(14):1953-1958.

［81］ 杜妍辰,刘喆,李海超.带弹性支承的颗粒-钢球碰撞阻尼的实验研究[J].振动与冲击,2013,32(24):56-60.

［82］ Du Y C, Liu Z, Li H C. Tests for a particle-ball impact damper with elastic support[J]. Journal of Vibration & Shock,2013,32(24):56-60.

［83］ 杜妍辰,秦婧.弹性约束下颗粒碰撞阻尼器的理论与实验研究[J].中国机械工程,2016,27(21):2934-2938.

［84］ 杜妍辰,王树林.等代参数法预测颗粒夹击过程中的能量损耗[J].振动与冲击,2011,30(12):160-163.

［85］ 杜妍辰,张铭命.带颗粒减振剂的碰撞阻尼的理论与实验[J].航空动力学报,2012,27(4):789-794.

［86］ 鲁正,吕西林,闫维明.颗粒阻尼器减震控制的试验研究[J].土木工程学报,2012,36(1):243-247.

［87］ 鲁正,陈筱一,王佃超,等.颗粒调谐质量阻尼器减震控制的数值模拟[J].振动与冲击,2017,36(3):46-50.

［88］ Lu Z, Wang D C, Zhou Y. Experimental parametric study on wind-induced vibration control of particle tuned mass damper on a benchmark high-rise building[J]. Structural Design of Tall & Special Buildings,2017,

26(8):1247-1259.

[89] Lu Z,Chen X Y,Zhang D C,et al. Experimental and analytical study on the performance of particle tuned mass dampers under seismic excitation[J]. Earthquake Engineering & Structural Dynamics,2017,46(7): 266-279.

[90] Lu Z,Lu X L,Masri S F. Studies of the performance of particle dampers under dynamic loads [J].Journal of Sound & Vibration,2010,329(26):5415-5433.

[91] Lu Z,Masri S F,Lu X. Studies of the performance of particle dampers attached to a two-degrees-of-freedom system under random excitation[J]. Journal of Vibration & Control,2011,17(10):1454-1471.

[92] 闫维明,张向东,黄韵文,等. 基于颗粒阻尼技术的结构减振控制[J]. 北京工业大学学报,2012,38 (9):1316-1320.

[93] 闫维明,王瑾,许维炳. 基于单自由度结构的颗粒阻尼减振机理试验研究[J]. 土木工程学报,2014, 36 (1):76-82.

[94] 闫维明,王瑾,贾洪,等. 调频型颗粒阻尼器参数优化方法及有效性评价[J]. 振动与冲击,2016,35 (7):145-151.

[95] 胡溧,黄其柏,柳占新,等. 颗粒阻尼的动态特性研究[J]. 振动与冲击,2009,28(1):134-137.

[96] 胡溧,唐喆,徐贤,等. 颗粒阻尼器损耗因子外因特性研究[J]. 中国机械工程,2015,26(15): 2005-2009.

[97] 胡溧,黄其柏,马慰慈. 颗粒阻尼减振性能的试验研究[J]. 噪声与振动控制,2008,28(5):52-55.

[98] 胡溧. 颗粒阻尼的机理与特性研究[D]. 武汉:华中科技大学,2008.

[99] 姚冰,陈前,项红荧,等. 颗粒阻尼吸振器试验研究[J]. 振动工程学报,2014,27(2):201-207.

[100] 段勇,陈前. 软内壁颗粒阻尼器阻尼特性试验研究[J]. 振动工程学报,2011,24(2):215-220.

[101] 段勇,陈前,林莎. 颗粒阻尼对直升机旋翼桨叶减振效果的试验[J]. 航空学报,2009,30(11): 2113-2118.

[102] Yao B,Chen Q,Xiang H Y,et al. Experimental and theoretical investigation on dynamic properties of tuned particle damper[J]. International Journal of Mechanical Sciences,2014,80(5):122-130.

[103] Yao B,Chen Q. Investigation on zero-gravity behavior of particle dampers[J]. Journal of Vibration & Control,2015,21(1):124-133.

[104] Bhatti R A,Wang Y R. Damping performance of a particle damper in two dimensions[C]. ASME 2009 Design Engineering and Technical Conference & Computer and Information in Engineering Conference,Houston,2009.

[105] 唐伟,王延荣,王周成,等. 二维振动结构的颗粒阻尼实验[J]. 航空动力学报,2011,26(3): 628-634.

[106] 唐伟,王延荣,王相平,等. 基于离散单元法的二维颗粒阻尼研究[J]. 航空动力学报,2011,26(5): 1159-1165.

[107] 刘彬,王延荣,田爱梅,等. 轮体结构颗粒阻尼器设计方法[J]. 航空动力学报,2014,29(10): 2476-2485.

[108] 刘献栋,侯俊剑,单颖春. 颗粒阻尼用于鼓式制动器减振降噪[J]. 振动、测试与振动,2008,28(3): 247-251.

[109] 谭德昕,刘献栋,单颖春. 颗粒阻尼减振器对板扭转振动减振的仿真研究[J]. 系统仿真学报, 2011,23(8):1594-1597.

[110] 汪小银,单颖春,刘献栋,等. 正弦扫频及随机激励颗粒阻尼器减振效果比较[J]. 噪声与振动控制,2014,34(5):198-202.

[111] 夏兆旺,单颖春,刘献栋. 基于悬臂梁的颗粒阻尼实验[J]. 航空动力学报,2007,22(10):1737-1741.

[112] Xia Z W,Liu X C,Shan Y C. Coupling simulation algorithm of dynamic feature of a plate with particle dampers under cen trifugal loads[J]. Journal of Vibration & Acoustics,2011,133(4):132-146.

[113] Xia Z W,Liu X D,Shan Y C,et al. Coupling simulation algorithm of discrete element method and finite element method for particle damper[J]. Journal of Low Frequency Noise,Vibration & active Control,2009,28(3):197-204.

[114] Xia Z W,Mao K J,Wang X T,et al. Study on semi-active particle damping technology for offshore platform truss structure[J]. Journal of Vibroengineering,2016,18(7):4248-4260.

[115] 夏兆旺,温华兵,刘献栋. 基于颗粒阻尼的旋转平板结构动力学特性研究[J]. 振动与冲击,2014,33(9):61-65.

[116] 夏兆旺,魏守贝,温华兵,等. 颗粒阻尼技术在制动鼓减振方面的应用研究[J]. 振动工程学报,2014,27(6):893-899.

[117] 夏兆旺,魏守贝,张帆,等. 基于支持向量回归机的颗粒阻尼减振结构阻尼特性实验[J]. 实验室研究与探索,2016,35(2):17-21.

[118] Xia Z W,Mao K J,Wei S B,et al. Application of genetic algorithm-support vector regression model to predict damping of cantilever beam with particle damper[J]. Journal of Low Frequency Noise,Vibration & Active Control,2017,36(2):138-147.

[119] 夏兆旺,茅凯杰,王雪涛,等. 海洋平台桁架结构半主动颗粒阻尼减振技术研究[J]. 振动与冲击,2018,37(4):332-340.

[120] 李来强,王树林,李生娟,等. 基于模拟退火改进的神经网络算法在颗粒碰撞阻尼研究中的应用[J]. 振动与冲击,2010,29(3):89-90.

[121] 李来强,王树林,徐波,等. 模拟退火改进的神经网络算法及其在振动分析中的应用[J]. 中国粉体技术,2010,16(2):64-67.

[122] 吴成军,杨瑞超,王东强. 基于气体-颗粒两相流理论的颗粒阻尼悬臂梁振动响应预估[J]. 机械工程学报,2013,49(10):53-61.

[123] Mao K M,Wang M Y,Xu Z W,et al. DEM simulation of particle damping[J]. Powder Technology,2004,142(2):154-165.

[124] Fraige F Y,Langston P A. Integration schemes and damping algorithms in distinct element models[J]. Advanced Powder Technology,2004,15(2):227-245.

[125] Hollkamp J J,Gordon R W. Experiments with particle damping[J]. Passive Damping and Isolation,Proceedings of SPIE,1998,337(4):2-12.

[126] Xu Z W,Chan K W,Liao W H. An empirical method for particle damping design[J]. Shock and Vibration,2004,11(6):647-664.

[127] 周宏伟,陈前. 电磁颗粒阻尼器减振机理及试验研究[J]. 振动工程学报,2008,21(2):162-166.

[128] Cundall P A,Strack O L. A discrete numerical model for granular assembles[J]. Geotechnique,1979,29(1):47-65.

[129] Cundall P A. Numerical experiments on localization in frictional materials[J]. Archive of Applied Mechan-

24

ics,1989,59(2):148-159.

[130] 方会敏,姬长英,张庆怡,等. 基于离散元法的旋耕刀受力分析[J]. 农业工程学报,2016,32(21):
54-59.

[131] 袁康,蒋宇静,李亿民,等. 基于颗粒离散元法岩石压缩过程破裂机制宏细观研究[J]. 中南大学学报(自然科学版),2016,47(3):913-922.

[132] Murugaratnam K,Utili S,Petrinic N. A combined DEM-FEM numerical method for shot peening parameter optimisation[M]. Oxford:Elsevier Science Ltd. ,2015.

[133] Skarżyński L,Nitka M,Tejchman J. Modelling of concrete fracture at aggregate level using FEM and DEM based on X-ray μCT images of internal structure[J]. Engineering Fracture Mechanics,2015,147(3):13-35.

[134] 徐爽,朱浮声,张俊. 离散元法及其耦合算法的研究综述[J]. 力学与实践,2013,35(1):8-14.

[135] 邱忠财. 基于颗粒离散元法的分散混合数值模拟[D]. 广州:华南理工大学,2012.

[136] 王泳嘉,邢纪波. 离散单元法及其在岩土力学中的应用[M]. 沈阳:东北工学院出版社,1991.

[137] 邢继波,王泳嘉. 离散元法的改进及其在颗粒介质研究中的应用[J]. 岩土工程学报,1990,12(5):51-57.

[138] Rong G H,Negi S C. Simulation of flow behaviour of bulk solids in bins[J]. Journal of Agricultural Engineering Research,1995,62(4):247-256.

[139] 俞良群,邢纪波,屠居贤,等. 仓筒内部压力及流场的数值模拟与实验验证[J]. 烟台大学学报(自然科学与工程版),1999,12(4):255-262.

[140] 俞良群,邢纪波. 筒仓装卸料时力场及流场的离散单元法模拟[J]. 农业工程学报,2000,16(4):15-19.

[141] 蒋垚,李艳洁,徐泳. 沙壤土直剪试验的离散元数值模拟[J]. 土工基础,2017(2):188-192.

[142] 徐泳,孙其诚,张凌,等. 颗粒离散元法研究进展[J]. 力学进展,2003,33(2):251-260.

[143] Tanaka H,Momozu M. Simulation of soil deformation and resistance at bar penetration by the distinct element method[J]. Journal of Terramechanics,2000,37(6):41-56.

[144] Tsuji Y,Kawaguchi T,Tanaka T. Discrete particle simulation of two dimensional fluidized bed[J]. Powder technology,1993,77(1):79-87.

[145] Yasunobu K,Kei S,Takeo S. Numerical analysis of particle and gas behaviors in a helical ribbon agitator using three-dimensional DEM simulation[J]. Idemitsu Petrochemical,2000,23(1):133-142.

[146] Stewart R L,Bridgwater J,Zhou Y C. Simulated and measured flow of granules in a gladed mixer—a detailed comparison[J]. Chemical Engineering Science,2001,56(2):5457-5471.

[147] Zhou Y C,Yu A B,Stewart R L,et al. Microdynamic analysis of the particle flow in a cylindrical bladed mixer[J]. Chemical Engineering Science,2004,59(6):1343-1364.

[148] Rhodes M J,Wang X S,Nguyen M,et al. Onset of cohesive behaviour in gas fluidized beds:A numerical Study using DEM simulation[J]. Chemical Engineering Science,2001,56:4433-4438.

[149] Wang X S,Rhodes M J. Pulsed fluidization—a DEM study of a fascinating phenomenon[J].Powder Technology,2005,159(3):142-149.

[150] 赵啦啦,赵跃民,刘初升,等. 湿颗粒堆力学特性的离散元法模拟研究[J]. 物理学报,2014,63(3):257-265.

[151] 赵跃民,张曙光,焦红光,等. 振动平面上粒群运动的离散元模拟[J]. 中国矿业大学学报,2006,35

25

（5）:586-590.

[152] Sakaguchi E,Suzuki M. Numerical simulation of the shaking separation of paddy and brown rice using the discrete element method[J]. Journal of Agricultural Engineering Research,2001,79(3):307-315.

[153] Sakaguchi H,Ozaki E,Igarashi T. Plugging of the flow of granular materials during the discharge from a silo [J]. International Journal of Modern Physics B,1993,7(10):1949-1963.

[154] Cleary P W,Sawley M L. DEM modeling of industrial granular flows:3D case studies and the effect of particle shape on hopper discharge[J]. Applied Mathematical Modelling,2002,26(7):89-111.

[155] Cleary P W. Large scale industrial DEM modelling [J]. Engineering Computations, 2004, 21 (4): 169-204.

[156] Asmar B N,Langston P A. Validation tests on a distinct element model of vibrating cohesive particle systems[J]. Computers and Chemical Engineering,2002,26(2):785-802.

[157] Asmar B N,Langston P A,Matchett A J. A generalised mixing index in distinct element method simulation of vibrated particulate beds[J]. Granular Matter,2002,4(3):129-138.

[158] Asmar B N,Langston P A,Matchett A J,et al. Energy monitoring in distinct element models of particle systems[J]. Advanced Powder Technology,2003,14(1):43-69.

[159] Langston P A,Mohammad A. Distinct element modelling of non-spherical frictionless particle flow[J]. Chemical Engineering Science,2004,59:425-435.

[160] Langston P A,Matchett A J,Fraige F Y,et al. Vibration induced flow in hoppers:continuum and DEM model approaches[J]. Granular Matter,2009,11(2):99-113.

[161] 刘红,刘军. 离散元法中三种球形颗粒接触发现算法的比较[J]. 黑龙江科技学院学报,2006,16 (6):360-363.

[162] 许志宝. 基于离散元法的大豆碰撞过程仿真分析 [D]. 长春:吉林大学,2006.

[163] 杨洋,唐寿高,王居林. 颗粒离散元法中阻尼系数、刚度系数和时步的选取方法[J]. 计算机辅助工程,2007,16(3):65-68.

[164] 杨洋,唐寿高. 颗粒流的离散元法模拟及其进展[J]. 中国粉体技术,2006,12(5):38-43.

[165] 温彤,雷杰,裴春雷. 一种离散单元法的弹性可变形颗粒模型[J]. 重庆大学学报,2009,32(7): 743-746.

[166] 王勇,胡勇,范卫琴. 基于离散单元法的裂隙岩体渗流应力耦合分析[J]. 水文地质工程地质, 2009,32(1):44-47.

[167] Saeki M. Impact damping with granular materials in a horizontally vibrating system [J].Journal of Sound & Vibration,2002,251(1):153-161.

[168] Yan W,Huang Y,He H,et al. Particle damping technology and its application prospect in civil engineering [J]. World Earthquake Engineering,2010,4(3):4-11.

[169] Ehrgott R,Panossian H V,Davis G. Modeling techniques for evaluating the effectiveness of particle damping in turbomachinery[J]. International Journal of Heat & Fluid Flow,2009,28(1):161-177.

[170] Duncan M R,Wassgren C R,Krousgrill C M. The damping performance of a single particle impact damper [J]. Journal of Sound & Vibration,2005,286(1):123-144.

[171] Goyder H D,White R G. Vibration power flow from machines into built-up structures part I:Introduction and approximate analyses of beam and plate-like foundations[J]. Journal of Sound & Vibration,1980,68 (1):77-96.

26

［172］Nefske D J,Sung S H. Power flow finite element analysis of dynamic system:Basic theory and application to beams［J］. Transactions of the ASME Journal of Vibration,Acoustics,1989,111(1):94-100.

［173］Beale L S,Accorsi M L. Power flow in two and three dimensional frame structures［J］.Journal of Sound & Vibration,1995,18(4):685-702.

［174］Wang A,Vlahopoulos N. development of an energy boundary element formulation for computing high-frequency sound radiation from incoherent intensity boundary conditions［J］.Journal of Sound & Vibration,2004,278:413-436.

［175］Zhao X,Vlahopoulos N. Basic development of a hybrid finite element method for mid-frequency computations of structural vibrations［J］. Journal of the Acoustical Society of America,1999,106(4):2118-2119.

［176］Zhao X,Vlahopoulos N. A basic hybrid finite element formulation for mid-frequency analysis of beams connected at an arbitrary angle［J］. Journal of Sound & Vibration,2004,269(5):135-147.

［177］盛美萍,王敏庆,刑文华,等. 多支承弹性非保守耦合系统导纳功率流［J］.机械科学与技术,2001,20(2):249-250.

［178］王敏庆,盛美萍,孙进才. 宽频带动力吸振器功率流特性研究［J］.声学学报,2002,25(2):121-123.

［179］王彦琴,盛美萍,孙进才. 变截面梁-板耦合结构的功率流［J］.振动与冲击,2005,24(2):33-36.

［180］明瑞森. 结构声强技术测量墙体结构中弯曲波耦合功率流［J］.应用声学,1996,15(1):9-15.

［181］徐慕冰,张小铭,张维衡. 充液圆柱壳的波传播和功率流特性研究［J］.振动工程学报,1997,10(2):230-235.

［182］张冠军,朱翔,李天匀. 基于级数变换法的椭圆柱壳受迫振动分析［J］.哈尔滨工程大学学报,2017,38(4):506-513.

［183］闫安志,崔润卿. 耦合板的导纳功率流［J］.焦作工学院学报(自然科学版),2001,20(2):244-147.

［184］刘雁梅,黄协清. 有限长圆柱壳中的振动功率流的输入与传播［J］.农业工程学报,2001,17(2):28-32.

［185］赵群,赵晋芳,张陈,等. 双层隔振系统传递路径的传递度灵敏度分析［J］.振动、测试与诊断,2012,26(12):85-88.

［186］冯德振,宋孔杰,张洪安,等. 浮筏弹性对复杂隔振系统振动传递的影响［J］.山东建材学院学报,1997,11(3):219-224.

［187］林水秋. 振源识别及基于功率流的隔振系统优化设计研究［J］.山东科技大学学报,2008,27(5):61-65.

［188］马业忠,霍睿. 板式基础上非线性隔振系统的功率流传递特性［J］.振动工程学报,2008,21(4):394-397.

［189］Wan W ,Mabu S ,Shimada K ,et al. Enhancing the generalization ability of neural networks through controlling the hidden layers［J］. Applied Soft Computing Journal,2009,9(1):404-414.

［190］Kumar R,Srivastava A,Kumari B,et al. Prediction of β-lactamase and its class by Chou's pseudo-amino acid composition and support vector machine［J］. Journal of Theoretical Biology,2015,365(5):96-103.

［191］Parsaie A,Yonesi H A,Najafian S. Predictive modeling of discharge in compound open channel by support vector machine technique［J］. Modeling Earth Systems & Environment,2015,31(2):1-6.

［192］Parsaie A,Haghiabi A H. Improving modelling of discharge coefficient of triangular labyrinth lateral weirs using SVM,GMDH and MARS techniques［J］. Irrigation & Drainage,2017,66(2):32-45.

27

［193］焦卫东,林树森.整体改进的基于支持向量机的故障诊断方法[J].仪器仪表学报,2015,36(8):1861-1870.

［194］吴一全,周杨,龙云淋.基于自适应参数支持向量机的高光谱遥感图像小目标检测[J].光学学报,2015,35(9):322-331.

［195］赵艳南,牛瑞卿,彭令,等.基于粗糙集和粒子群优化支持向量机的滑坡变形预测[J].中南大学学报(自然科学版),2015,151(6):2324-2332.

［196］张家树,党建亮,李恒超.时空混沌序列的局域支持向量机预测[J].物理学报,2007,56(1):67-77.

［197］李恒超,张家树.Local prediction of chaotic time series based on support vector machine [J].中国物理快报:英文版,2005,22(11):2776-2779.

［198］党建亮,张家树.基于支持向量机的混沌跳频码预测[J].信号处理,2005,21(1):122-125.

［199］冯志规,信太克规,王祈.基于最小二乘支持向量机预测器的传感器故障检测与数据恢复[J].仪器仪表学报,2007,28(2):193-197.

［200］冯志刚,张学娟.基于LS-SVM和SVM的气动执行器故障诊断方法[J].传感技术学报,2013(11):1610-1616.

［201］孟洛明,朱杰辉,杨杨,等.支持向量机回归预测在网络故障检测中的应用[J].北京邮电大学学报,2014,37(1):23-29.

［202］任顺,于海业,周丽娜,等.基于支持向量机的叶绿素荧光预测光能利用效率研究[J].农业机械学报,2015,46(4):273-276.

［203］仕顺.黄瓜嫁接缓苗智能管理系统的研究[D].长春:吉林大学,2016.

［204］徐国平.基于支持向量机的动调陀螺仪寿命预测方法研究[D].上海:上海交通大学,2008.

［205］赵海洋,徐敏强,王金东.改进二叉树支持向量机及其故障诊断方法研究[J].振动工程学报,2013,26(5):764-770.

［206］陈人华.含能材料颗粒的数字化方法及介观尺度下计算机模拟[D].重庆:重庆邮电大学,2016.

第 2 章　颗粒阻尼减振结构仿真方法

近年来,国内外学者对带颗粒阻尼器结构振动特性的仿真计算和实验研究做了很多工作,其中仿真计算主要是针对简单结构。对于带分布式颗粒阻尼器结构振动特性的仿真计算,目前还没有一种高效的仿真算法。针对这种现状,本章在建立一种能准确反映颗粒间接触力模型的基础上,提出一种适合带分布式颗粒阻尼器结构振动特性的高效仿真算法——离散元-有限元耦合算法,并且研究了带颗粒阻尼器结构在旋转状态的振动特性仿真计算方法。

2.1　有限元与离散元法

为了使带分布式颗粒阻尼器结构振动特性仿真计算准确、高效,提出了一种将离散元-有限元耦合的仿真算法。该算法充分发挥了大型工程软件 NASTRAN 可准确计算连续复杂结构动力学响应的优点和离散元法准确计算离散颗粒运动的特点。

有限元法(FEM)是随着计算机的发展而迅速发展起来的一种弹性力学问题的数值求解方法[1]。有限元方法的基础是变分原理和加权余量法,其基本求解思想是将计算域划分为有限个互不重叠的单元,在每个单元内,选择一些合适的节点作为求解函数的插值点,将微分方程中的变量改写成由各变量或其导数的节点值与所选用的插值函数组成的线性表达式,借助变分原理或加权余量法,将微分方程离散求解。当划分的区域足够小时,每个区域内的变形和应力总是趋于简单,计算结果也就越接近真实情况。当单元数目足够多时,有限单元解将收敛于问题的精确解,但是计算量将增加很多。所以,划分单元的个数主要依靠实际问题需要达到的计算精度确定。

有限元法的优点是解题能力强,可以比较精确地模拟各种复杂曲线或曲面边界,网格划分比较随意,可以统一处理多种边界条件,离散方程形式规范,便于编制通用的计算机程序,在结构数值计算方面取得了巨大成功。但是,有限元法本身并不是一种万能的分析、计算方法,并不适用于所有的工程问题,如对于离散结构的仿真有限元法就不能很好地解决[2-3]。

为了更好地研究颗粒材料,根据研究目的和精度要求不同将颗粒材料在受力情况下的力学求解方法分成两类,即连续介质力学方法和离散元法。

连续介质力学方法是以弹塑性力学理论为基础,将颗粒材料近似地作为连续体介质进行处理,侧重材料的整体力学行为,而忽略材料中单个物体的性质[4-6]。当模拟连续体力学行为时,单元只表示对连续区域划分的网格,而并不代表真正几何意义上的离散模型,只有当材料局部发生断裂时两个单元间的网格分离才表示材料的真实分离界面。这种方法依赖高度简化的本构方程,在不设置复杂边界条件的情况下,难以模拟颗粒材料复杂的动态行为。连续介质力学方法虽然计算精度同有限元方法相当,但存在计算量大的缺点。

采用离散元法研究颗粒间及颗粒与边界间的碰撞问题时,求解过程主要分为以下几个步骤:对颗粒进行建模,生成球体颗粒样本,建立边界的分析模型,建立颗粒间及颗粒与边界间的接触力学模型,在不同模型下进行相应接触力计算,运用牛顿第二定律、动态松弛法和时步迭代求解颗粒运动[7-9]。采用离散元法进行数值计算时,常通过循环计算的方式跟踪计算颗粒的移动状况。每次循环包括以下两个主要计算步骤:①由相邻颗粒间的接触本构关系确定颗粒间的接触力和相对位移;②由牛顿第二定律确定由相对位移在相邻颗粒间及颗粒与边界间产生的新的不平衡力,直至要求的循环次数或系统趋于稳定为止。

离散元法仿真循环流程如图 2-1 所示。在每个时间步长(时步)开始时,已知量包括单元的位置和根据单元接触模型计算出单元所受的合力和合力矩,应用运动定律计算单元在这个时步完成时的位置和速度,生成新的接触并删除不存在的接触关系,更新接触集,将力-位移定律应用于新的接触集,计算出每个接触的接触应力。最后,根据作用在单元上的接触力及强制力得到作用合力和合力矩。

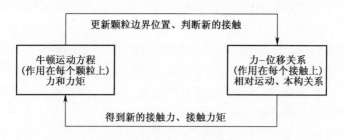

图 2-1　离散元法仿真循环框图

离散元法采用显式求解的数值方法。在用显式法计算时,所有方程式一侧的量都是已知的,另一侧的量只需要简单的代入法就可求得。在用显式法时,假定在每一迭代时步内,每个颗粒单元仅对其相邻的颗粒单元产生影响。离散元法采用牛顿第二定律和时步迭代求解每个颗粒的运动速度、位移和变形,进而对整个系统的变形和演化进行分析,因而适合于求解非线性问题。当采用不同的接触模型时,可以分析颗粒的运动、颗粒聚集、整体材料的破坏过程(如粉碎和土壤);通过改变颗粒和边界的离散元法分析模型、接触力学模型及参数,可以仿真计算颗粒材料、边界材料等对颗粒运动的影响。使用离散元法进行模拟分析时,离散物体的大量复杂行为信息可以直接获得,从而可以进一步假定和分析离散物体的细观结构,为准确预测和分析现有连续介质理论无法解释和分析的力学行为提供基本理论和研究方法。另外,离散元法不需要过多的假设,使用简单的方程就可以对高度复杂系统的动态行为进行模拟。上述的优点,使得离散元法已成为研究颗粒群体动力学问题的一种通用方法,并在岩土工程与风沙流动,颗粒材料的输送、混合、分级、筛分,土壤的结块与碰撞,土壤与机械的相互作用和化工过程装备(如流化床)等研究领域得到广泛应用。

离散元法的基本思想是将材料中的每个颗粒作为一个单元建立模型,建立颗粒间及颗粒与边界间的接触力学模型,确定模型中的参数,计算颗粒之间及颗粒与边界之间的接触作用。离散元法与有限元法有着本质区别,它根据散体自身的特性建立数值模型,它填补了连续体力学在解决散体问题方面的不足。离散元法将区域划分成单元,但是,在运动过程中单元节点可以分离,即一个单元与其邻近单元可以接触,也可以分开。单元之间的相互作用力可以根据力-位移关系求出。而单个单元的运动则完全根据该单元所受的不平衡力和不平衡力矩按牛顿运动定律确定。单元间的作用力就是接触面上的接触力,单元间不受变形协调约束,所以它可以比较容易地模拟诸如大变形、非线性以及物理场作用下颗粒材料的复杂运动学和力学特性,如振动或旋转作用下颗粒体的对流运动和筛选分离现象等。

有限元法、边界元法等传统数值方法适合于分析连续介质问题,而离散元法适合于分析非连续介质问题。因此,如果能将离散元法与有限元法和边界元法等有机地结合起来,便能充分发挥各自的优点,扩大该数值方法的范围。离散元法与分子动力学方法、无网格方法以及其他粒子方法等新兴算法具有很大的相似性,可以利用这一点建立这些算法的统一算法平台。由此可见,离散元法与其他算法的融合是其不断向前发展的一个明显趋势。

2.2 颗粒运动模型

对带颗粒阻尼器结构振动特性的仿真计算,颗粒的运动计算是核心,主要采用离散元法。离散元法是 1971 年 Cundall 提出的,它通过圆形离散单元来模拟颗粒介质的运动及其相互作用,并由平面内的平动和转动方程来确定每一时刻颗粒的位置和速度。离散元法根据离散物体本身的离散特性建立数学模型,在分析具有离散性质物体方面表现出了极大的优越性。在离散元法数值模拟中,将物体中的每个颗粒作为一个单元建立模型,并进行模拟,然后根据颗粒之间的接触,通过一系列计算追踪物体中每个颗粒的运动,获得不同时刻颗粒对系统的作用力,从而对整个结构系统的振动响应进行分析。离散元法不需要过多的假设,使用简单的方程就可以对高度复杂系统的动态行为进行模拟。

离散元法的基本原理是基于牛顿第二定律,它将散体看作有限个基本元件的组合,研究对象不同,离散元法的单元模型也不同。对于颗粒系统,单个颗粒(圆盘或球)为一个单元;而对块体系统,单个块体为一个单元。但是对于不同的单元模型,离散元法的原理和计算过程是相同的,即根据单元间力的相互作用和牛顿运动定律,采用动态松弛法进行循环迭代计算,在每个时步都更新单元的位置,并遍及整个单元集合。通过对系统中每个单元的微观运动过程进行跟踪研究,考虑每个单元对结构系统的作用力,即可得到整个系统的宏观运动规律。在模拟过程中进行以下假设:①颗粒单元为球体;②接触特性为柔性接触,接触处允许有一定的重叠量;③重叠量的大小与接触力有关,与颗粒大小相比,重叠量很小,且接触单元间的相互作用通过弹簧阻尼器和滑动摩擦器所产生的力体现,当颗粒间切向力大于摩擦力时,两颗粒之间即产生相对滑动,这时滑动摩擦器起作用,否则弹簧阻尼器起作用,研究中不考虑单元的塑性变形;④颗粒单元的加速度在一个时间步内为常量,并且单元在一个时间步内只能以很小的位移与其相邻的单元作用,其作用力也只能传递到邻接单元,而不能传递得更远。

对于球形单元在任意坐标轴、任意时刻 t,考虑每一单元受力作用后产生的平动和转动。由牛顿第二定律得到

$$\begin{cases} \ddot{\boldsymbol{x}}_i(t) = \dfrac{\partial \dot{\boldsymbol{x}}_i(t)}{\partial t} = \dfrac{\left[\sum \boldsymbol{F}(t) \right]_i}{m_i} \\ \ddot{\boldsymbol{\theta}}_i(t) = \dfrac{\partial \dot{\boldsymbol{\theta}}_i(t)}{\partial t} = \dfrac{\left[\sum \boldsymbol{M}(t) \right]_i}{I_i} \end{cases} \tag{2-1}$$

式中: $\boldsymbol{x}_i(t)$ 、$\sum \boldsymbol{F}(t)$ 和 m_i 分别为 i 单元的平动位移、受到的合力和质量; $\boldsymbol{\theta}_i(t)$ 、$\sum \boldsymbol{M}(t)$ 和 I_i 分别为 i 单元的角位移、合力矩和转动惯量。

对时刻 t 的加速度用中心差分格式可得

$$\begin{cases} \dfrac{\partial \dot{\boldsymbol{x}}_i(t)}{\partial t} = \dfrac{\dot{\boldsymbol{x}}_i(t + \Delta t/2) - \dot{\boldsymbol{x}}_i(t - \Delta t/2)}{\Delta t} \\[4mm] \dfrac{\partial \dot{\boldsymbol{\theta}}_i(t)}{\partial t} = \dfrac{\dot{\boldsymbol{\theta}}_i(t + \Delta t/2) - \dot{\boldsymbol{\theta}}_i(t - \Delta t/2)}{\Delta t} \end{cases} \tag{2-2}$$

式中：Δt 为计算时间步长。

将式(2-2)代入式(2-1)可得

$$\begin{cases} \dot{\boldsymbol{x}}_i(t + \Delta t/2) = \dot{\boldsymbol{x}}_i(t - \Delta t/2) + \dfrac{\left[\sum \boldsymbol{F}(t) \right]_i}{m_i} \Delta t \\[5mm] \dot{\boldsymbol{\theta}}_i(t + \Delta t/2) = \dot{\boldsymbol{\theta}}_i(t - \Delta t/2) + \dfrac{\left[\sum \boldsymbol{M}(t) \right]_i}{I_i} \Delta t \end{cases} \tag{2-3}$$

由 $t + \Delta t/2$ 时刻的速度可得 $t + \Delta t$ 时刻的位移 $\boldsymbol{x}_i(t + \Delta t/2)$ 和角位移 $\boldsymbol{\theta}_i(t + \Delta t/2)$，即

$$\begin{cases} \boldsymbol{x}_i(t + \Delta t/2) = \boldsymbol{x}_i(t) + \dot{\boldsymbol{x}}_i(t + \Delta t/2) \Delta t \\[3mm] \boldsymbol{\theta}_i(t + \Delta t/2) = \boldsymbol{\theta}_i(t) + \dot{\boldsymbol{\theta}}_i(t + \Delta t/2) \Delta t \end{cases} \tag{2-4}$$

这样，经过 Δt 后单元 i 就移动到一个新的位置，并产生新的接触力和接触力矩，计算其所受的合力 $\sum \boldsymbol{F}(t + \Delta t/2)$ 和合力矩 $\sum \boldsymbol{M}(t + \Delta t/2)$ 返回式(2-3)计算，重复这一过程，即可得到每个单元以及整个颗粒群体的运动特性。

2.3　颗粒生成算法

在采用离散元法分析颗粒间以及颗粒与孔壁间的相互作用时，首先要建立颗粒的离散元分析模型。另外，除了使颗粒的几何外形尽量与真实颗粒一致外，还要考虑颗粒间及颗粒与边界的接触判定、接触点位置的确定和接触叠合量计算应尽可能简单、高效和准确。仿真计算采用球状颗粒，因为球状颗粒是最容易实现的三维颗粒模型，且有以下优点：球颗粒质心在球心；只需确定球心坐标和球心半径就可以获得整个颗粒体的三维信息；易于判定颗粒之间以及颗粒与边界间的接触状态；易于计算叠合量和确定接触点坐标。

颗粒阻尼器若填充小尺寸颗粒，需要比较多的颗粒，在进行仿真计算时，各个颗粒的初始状态就很难通过人工方法给定。所以，在计算中需要专门的颗粒样本生成模块。好的样本生成算法也是提高结构耦合计算速度的重要因素。

本书采用的随机生成法如图 2-2 所示。以一定孔隙比为目标函数,按照颗粒大小及其分布规律在给定的空间区域生成颗粒。其基本思想是用随机数生成器在给定域内生成颗粒,确定颗粒大小后生成颗粒的位置;如果生成的颗粒位置不与已存在颗粒或边界重叠,该颗粒生成成功,然后生成下一个颗粒直至满足所需要的颗粒数量。

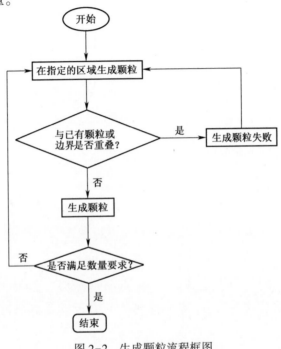

图 2-2　生成颗粒流程框图

2.4　颗粒接触力学模型

离散元法是模拟运动在颗粒集合中传播的过程。颗粒运动必然会导致颗粒之间的相互碰撞,颗粒之间也必然有力产生。球状颗粒间产生接触力的条件是两球心之间的距离小于两球半径之和。两球状颗粒接触时的相对运动有 3 种:在连心线方向上的法向运动;在两接触面的相对切向运动;两球的相对转动。本书在计算颗粒间的接触关系时,只考虑法向和切向接触力,并分别采用不同的接触力学模型计算,因为颗粒接触面积很小,由两球球心方向相对转动引起的力矩可忽略不计。颗粒单元之间的接触可以简化为弹簧-阻尼器-滑块模型,如图 2-3所示。弹簧代表单元的弹性,阻尼器代表单元的黏性,用滑块来表示单元之间的摩擦。

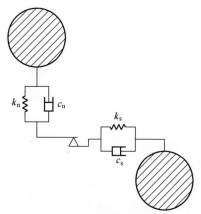

图 2-3　颗粒接触模型

接触模型是离散元法的重要基础,其实质就是颗粒固体的接触力学弹塑性分析结果。接触模型的分析计算直接决定了颗粒所受的力和力矩。

由于要分析计算的颗粒数量较大,采用未作简化的接触力学模型不仅计算过程复杂,而且计算量大,因此通常是对接触力学模型进行深入分析,之后针对研究内容的具体情况对模型做出合适的简化。

2.4.1　法向接触力学模型

1. 线性黏弹性模型

带颗粒阻尼器结构振动过程中,颗粒常会与多个其他颗粒同时碰撞,此时,颗粒 i 所受的作用力是与之接触的颗粒对该颗粒作用力的矢量和。最简单、常用的颗粒法向接触力模型为线性黏弹性模型[10],即

$$F_n = k_n \delta_n + c_n v_n \tag{2-5}$$

式中: F_n 为接触两体间的法向作用力; k_n 为接触球体的法向刚度系数,当颗粒与边界接触时, k_n 取颗粒接触刚度系数[11],当两颗粒接触时, $k_n = \dfrac{k_1 k_2}{k_1 + k_2}$, k_1、 k_2 分别为两颗粒的接触刚度系数; δ_n 为接触两体的法向叠合量; c_n 为接触两体的法向黏性阻尼系数,当颗粒与边界接触时 c_n 取颗粒的法向黏性阻尼系数[12],当两颗粒接触时, $c_n = \dfrac{c_1 c_2}{c_1 + c_2}$, c_1、 c_2 分别为两颗粒的法向黏性阻尼系数,或 $c_n =$

$-\dfrac{2\ln e \sqrt{k_n \dfrac{m_1 m_2}{m_1 + m_2}}}{\sqrt{\pi^2 + \ln^2 e}}$, m_1、 m_2 分别为接触两体的质量, e 为碰撞恢复系数; v_n 为接

触两体在法向方向上的相对速度。

线性黏弹性模型虽得到广泛应用,但未考虑法向力由于接触面积变化而导致的非线性特性。

2. 赫兹黏弹性模型

弹性接触问题分为有摩擦接触和无摩擦接触两种情况。有摩擦接触时,摩擦系数大于零,当切向力达到一定值时,出现沿接触面的滑动;无摩擦接触时,摩擦系数等于零。当颗粒接触表面光滑时,可近似地按无摩擦接触处理。赫兹公式只适用于无摩擦的弹性接触,所以,它只能对颗粒接触的法向应力进行计算。与线性黏弹性模型未考虑法向力由于接触面积变化而导致的非线性特性不同,赫兹黏弹性模型[10]对此加以考虑,其法向作用力是非线性的,即

$$F_n = k_n \delta_n^{\frac{3}{2}} + c_n v_n \tag{2-6}$$

式中各符号物理意义同式(2-5)。

赫兹黏弹性模型中的 k_n、c_n 不再是直接输入的参数,而是通过以下公式计算的,即

$$k_n = \frac{4}{3} \frac{E_1 E_2}{E_2(1-\gamma_1^2) + E_1(1-\gamma_2^2)} \sqrt{\frac{R_1 R_2}{R_1 + R_2}} \tag{2-7}$$

$$c_n = -\frac{2\ln e \sqrt{k_n \dfrac{m_1 m_2}{m_1 + m_2}}}{\sqrt{\pi^2 + \ln^2 e}} \tag{2-8}$$

式中:R_1、R_2 分别为接触两体接触处的曲率半径;E_1、E_2 分别为接触两体的弹性模量;γ_1、γ_2 分别为接触两体的泊松比;m_1、m_2 分别为接触两体的质量;e 为碰撞恢复系数。如果颗粒与孔壁接触,则 m_1、m_2 均取颗粒的质量。

3. 非线性黏弹性模型

人们深入研究后发现,在上述两种黏弹性模型中,当接触的法向叠合量 $\delta_n = 0$ 时,法向接触力 $F_n \neq 0$,很显然这与实际情况相违背;而且实际接触的两颗粒间,黏性阻尼力也是非线性的。为了克服这些缺点,Mishra[13]提出了非线性黏弹性模型的一般表达式,即

$$F_n = k_n \delta_n^r + c_n v_n \delta_n^s \tag{2-9}$$

式中:r、s 为模型特定参数,r 可在 1~2 间取值,s 可在 0~1 间取值,其他各符号物理意义同式(2-5)。Mishra[13]通过实验确定,对于钢球类颗粒,一般 $r = 1.6$、$s = 0.8$ 比较合适。

本书在描述颗粒间及颗粒与孔壁之间法向接触力模型所采用为非线性黏弹性模型。

2.4.2 切向接触力学模型

切向力的计算比较复杂。如果法向位移恒定,法向力以及接触面半径都将保持不变,则切向力随实际的切向位移而变。但法向位移与切向位移往往同时发生变化,此时可以通过切向的位移增量与力增量间的关系得到切向力,其黏弹性力学模型为

$$F_s(t) = F_{ns}(t - \Delta t) + k_s v_s \Delta t + c_s v_s \qquad (2-10)$$

式中:$F_s(t)$ 为 t 时刻接触两体间的切向作用力;$F_{ns}(t - \Delta t)$ 为 $t - \Delta t$ 时刻接触两体间的切向作用力;Δt 为计算时间步长;k_s 为接触两体的切向刚度系数,可由经验或实验确定,也可由式(2-11)计算: $k_s = \lambda k_n$,λ 一般在 0.67 ~ 1 之间取值;或利用

$$k_s = \frac{8 \left[\dfrac{3 F_n R_1 R_2 (H_1 + H_2)}{8 (R_1 + R_2)} \right]^{\frac{3}{2}}}{\dfrac{2 - \gamma_1}{G_1} + \dfrac{2 - \gamma_2}{G_2}} \qquad (2-11)$$

进行计算,其中,$G_i = \dfrac{E_i}{2(1 + \gamma_i)}$,$H_i = \dfrac{2(1 - \gamma_i)}{E_i}$($i = 1, 2$)。$v_s$ 为接触两体在切向方向上的相对速度;c_s 为切向黏性阻尼系数,一般在 0.67 ~ 1 之间取值,或者由

$$c_s = - \frac{2 \ln e \sqrt{k_s \dfrac{m_1 m_2}{m_1 + m_2}}}{\sqrt{\pi^2 + \ln^2 e}} \qquad (2-12)$$

确定,其中 e 为两颗粒碰撞的弹性恢复系数。

切向力 F_s 的计算还需满足库仑定律,即切向力应按照式(2-13)取值,即

$$F_s = \begin{cases} F_s(t), & F_s(t) < \mu F_n \\ - \mu F_n, & F_s(t) \geqslant \mu F_n \end{cases} \qquad (2-13)$$

2.5 颗粒接触时步

在用离散元法分析时,将整个系统的运动时间历程看成许多小的时间段之和,并假定每个时间段内各个颗粒的加速度恒定不变,这个小的时间段称为时间步长(时步)。一般说来,时步取得越小,则计算过程越稳定,计算精度也越高。但时步越小,所耗费的计算时间越大,因此,合理确定时步具有重要意义。

在计算中,时步必须取得很小,以保证在一个时步内任意一个颗粒的动量只能传播给其邻近的颗粒,以及颗粒运动的加速度是近似恒定。实际中,通常根据瑞利波的传播特性确定时步。瑞利波的振幅在自由界面上最大,并随着离开自由表面的距离而呈指数形式衰减,这种形式的波动传播,其能量实际上限制在一个表面薄层内,故称为面波。这种面波是 1887 年由英国学者 Rayleigh 首先在理论上确定的,其沿物体表面传播的速度[14]为

$$v = \alpha \sqrt{\frac{G}{\rho}} \qquad (2-14)$$

式中:α 由式(2-15)确定,即

$$(2 - \alpha^2)^4 = 16(1 - \alpha^2)\left(1 - \alpha^2 \frac{c_2}{c_1}\right) \qquad (2-15)$$

式中:c_1 为压力波速:$c_1 = \sqrt{\frac{2(1 - \gamma)G}{(1 - 2\gamma)\rho}}$;c_2 为剪切波速:$c_2 = \sqrt{\frac{G}{\rho}}$;G 为剪切模量;ρ 为颗粒密度;γ 为泊松比。

将 c_1、c_2 代入方程式(2-15),得到

$$(2 - \alpha^2)^4 = 16(1 - \alpha^2)\left[1 - \alpha^2 \frac{1 - 2\gamma}{2(1 - \gamma)}\right] \qquad (2-16)$$

求解方程式(2-16)得到 α ,即

$$\alpha \approx 0.1631\gamma + 0.876605 \qquad (2-17)$$

将式(2-17)代入式(2-14)得到颗粒受到外界作用力时,其瑞利波沿着颗粒表面的传播速度为

$$v = (0.1631\gamma + 0.876605)\sqrt{\frac{G}{\rho}} \qquad (2-18)$$

考虑到颗粒阻尼器中可能有不同半径的颗粒,临界时间步长为

$$\Delta t = \frac{\pi R_{min}}{v} = \frac{\pi R_{min}}{0.1631\gamma + 0.876605}\sqrt{\frac{\rho}{G}} \qquad (2-19)$$

根据瑞利波确定的时步一般能满足数值仿真收敛的要求。对于颗粒之间相对速度很大的情况,当与一个颗粒接触的颗粒数大于等于 4 时,这个颗粒的接触时间取公式中的 20% 较为合适;当与一个颗粒接触的颗粒数小于 4 时,这个颗粒的接触时间取公式中的 40% 较为合适。事实上,尽管很多学者对合理时步的选取做了大量工作,但由于时步的选取与很多因素有关,因此在实际计算时还应结合实际情况通过试算来确定。

2.6　颗粒搜索算法

颗粒在运动过程中与其他颗粒既有接触又有分离,在计算过程中需不断判断各个颗粒与其他颗粒的接触情况,常用的搜索方法是网格法。网格法是将分析区域划分成规则的正方形或正方体网格,根据颗粒当前位置将其临时分配到指定的网格中,那么该颗粒只可能与该网格及其相邻网格中的颗粒发生作用。对于二维(三维)系统,最多只有9(27)个不同网格中的颗粒是邻居。由于颗粒对只需检测一次,因此并非所有相邻网格中的颗粒都需要检测,而只需检测当前网格以及编号比当前网格大的相邻网格。因此,网格法比逐个搜索方法大大提高了效率。

网格法具有较高的效率,但是也存在一些不足之处:网格的最佳尺寸难以确定。在使用网格法时需要对空间进行网格划分,然后判断颗粒单元位于哪一个网格中,因此网格的大小和数目要适中。如果网格数过少,就会给接触判断带来很大的计算量;若网格数过多,相邻颗粒数很少,则用在网格空间划分和网格搜索上的时间将增多;对于不规则区域,使用网格法进行边界处理比较复杂。

本书针对颗粒阻尼器一般具有圆柱形孔腔的特点,提出一种简单的改进网格法——圆桶法。圆桶法是以一定长度和厚度的圆筒将圆柱孔腔划分为小的圆桶状区域。这种方法充分利用圆柱形孔腔结构的特点,不需要处理复杂边界关系,因为球形颗粒与圆柱形面的接触关系很容易判断。区域的划分可分为3种情况:如果颗粒阻尼器中的颗粒较大、相对速度较小,可直接将孔腔按孔轴向划分为几个柱形区域;如果颗粒较小,在第一种情况的基础上将小圆柱形区域沿径向划分为多个圆桶区域;如果是粉末颗粒或者颗粒相对速度很大,则在第二种情况的基础上进一步将各圆桶区域沿周向划分为多个区域,如图2-4所示。

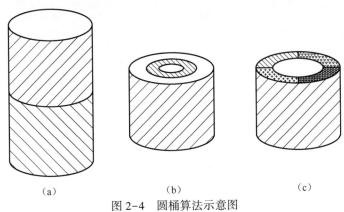

图 2-4　圆桶算法示意图

(a)大颗粒划分图;(b)小颗粒划分图;(c)微颗粒划分图。

颗粒搜索算法的过程如图 2-5 所示。对某个颗粒来说,在一个步长内只搜索与其所在区域和邻近区域内的颗粒接触情况。而邻近区域的颗粒不必每个时步都更新,而是每隔几个时步更新一次,本书每隔 6 个时步更新一次各个区域的颗粒。并且,更新区域中的颗粒时,也不必从孔腔里所有颗粒中去寻找,而是从该区域周围的几个相邻区域中去查找可能接触的颗粒。划分孔腔区域长度和厚度主要根据颗粒运动速度、时步和颗粒尺寸确定。

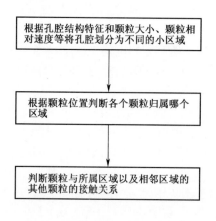

图 2-5　颗粒搜索算法流程框图

2.7　颗粒阻尼结构耦合仿真算法

本书针对带颗粒阻尼器结构振动特性,将擅长计算复杂连续结构的有限元法与擅长计算离散颗粒运动的离散元法结合起来,提出了基于离散元-有限元的耦合仿真算法。经检索文献得知,本方法之前还未被提出或应用过。本书应用 DMAP 语言对工程有限元软件 NASTRAN 进行二次开发,通过 MATLAB 将有限元法与离散元法进行耦合。

带颗粒阻尼器结构的振动特性计算流程如图 2-6 所示,主要通过 MATLAB 调用相应的有限元和离散元计算结果进行循环计算,其整个流程分为以下步骤。

(1) 建立带颗粒阻尼器结构的有限元模型,并根据颗粒大小、相对速度及颗粒阻尼器孔腔尺寸,通过 MATLAB 随机生成各个颗粒的初始位置,并设置颗粒初始速度为零。这一步在 MATLAB 环境下通过有限元法完成。

(2) 利用有限元软件 NASTRAN 计算结构在激振力作用下的响应,提取结构相应有限元节点的位移、速度、加速度等信息。提取结构上合适位置(响应点)的加速度用于研究结构振动特性、孔腔周围各点的位移和速度用于计算孔腔与颗粒间作用力。这一步也是在 MATLAB 环境下通过有限元法完成的。

（3）通过 MATLAB 调用孔腔周围各点的位移和速度，根据位移关系判断颗粒与孔腔间是否接触，若接触，即根据叠合量和相对速度求出颗粒间的接触力，计算一个步长内各个颗粒在接触力作用下的位移、速度，并更新各个颗粒的位移和速度，并计算结构的孔壁各个位置受到颗粒的接触力。这一步是在 MATLAB 环境下通过离散元法完成的。

（4）通过 MATLAB 将接触力赋予 NASTRAN 软件计算程序，计算结构在激振力和接触力共同作用下一个步长的响应，并提取相应点的位移、速度、加速度等信息。这一步是在 MATLAB 环境下通过有限元法完成的。

（5）根据计算时间判断循环是否结束，如果结束，输出结构相应点的加速度，一般需计算在激振力作用下 10 个以上周期响应；否则继续循环执行第（3）~（5）步骤，直到程序结束的。

前述方法是针对带颗粒阻尼器结构在非旋转状态下振动特性的仿真计算，实际应用中，结构常常在旋转状态下工作，如航空发动机中的叶片、汽车制动鼓等。带颗粒阻尼器结构在旋转运动时，颗粒除了受到颗粒间及颗粒与孔腔间的接触力外，还受到离心力作用。其离心力的大小为

$$P = m\omega^2 r \tag{2-20}$$

式中：m 为颗粒的质量；ω 为结构的转速；r 为颗粒的离心半径。

目前国内外还没有对带颗粒阻尼器结构在旋转状态下的振动特性进行仿真研究，本书提出的耦合仿真算法能很好地解决带颗粒阻尼器结构在旋转状态下的仿真计算：只需在离散元程序中将每个颗粒施加一个相应的离心力即可。本书将通过离散元-有限元耦合算法研究带颗粒阻尼器结构旋转时的振动特性，并分析各种参数对减振效果的影响规律。

本章首先简介了有限元算法和离散元算法，分析了两种算法的各自优缺点。针对颗粒阻尼器结构提出了离散元-有限元的耦合仿真算法，研究了带颗粒阻尼器结构在旋转状态下的仿真算法；研究了几种常用颗粒及颗粒与孔壁的接触力学模型，并分析了各自的优缺点；推导了半主动颗粒阻尼中磁性颗粒在通电线圈产生磁场作用下的受力模型；根据瑞利波沿颗粒物体表面传播的速度推导出了颗粒接触运算的时步；针对颗粒阻尼器结构的特点提出了一种易于处理圆柱孔腔边界的搜索算法——圆桶法，大大提高了分析颗粒间接触力的时间。

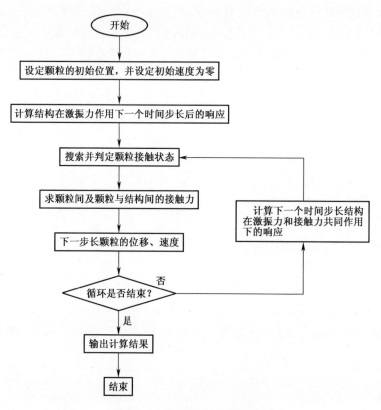

图 2-6　仿真算法流程框图

参 考 文 献

[1] Real T,Zamorano C,Ribes F,et al. Train-induced vibration prediction in tunnels using 2D and 3D FEM models in time domain[J]. Tunnelling and Underground Space Technology,2015,49:376-383.

[2] Hadi I M,Shahrokh H H,Habibnejad K M. Analytical and FEM solutions for free vibration of joined cross-ply laminated thick conical shells using shear deformation theory[J]. Archive of Applied Mechanics,2018.

[3] 章鹏,杜成斌,江守燕. 比例边界有限元法求解裂纹面接触问题[J]. 力学学报,2017,49(6):1335-1347.

[4] 刘卫平,席德科,杨新铁. 利用连续介质力学方法研究超光速现象[J]. 光子学报,2008,37(6):1250-1254.

[5] 李锡夔,郭旭,段庆林. 连续介质力学引论[M]. 北京:科学出版社,2015.

[6] 康国政,蒋晗,阚前华. 连续介质力学[M]. 北京:科学出版社,2015.

[7] 徐琨,周伟,马刚,等. 基于离散元法的颗粒破碎模拟研究进展[J]. 岩土工程学报,2018,322(5):110-119.

[8] 徐泳,孙其诚,等. 颗粒离散元法研究进展[J]. 力学进展,1990,33(2):123-129.

42

［9］赵啦啦. 振动筛分过程的三维离散元法模拟研究［M］. 北京:中国矿业大学出版社,2013.

［10］Mishra B K. A review of computer smulation of tumbling mills by the discrete element method:part I—contact mechanics［J］. Internal Journal Mineral Processing,2003,71:73-93.

［11］Zhang D,Whiten W J. The calculation of contact forces between particles using spring and damping models ［J］. Powder Technology,1996,88(7):59-64.

［12］Tanaka H,Momozu M,Oida A,et al. Simulation of soil deformation and resistance at bar penetration by the distinct element method［J］. Journal of Terramechanics,2000,37(3):41-56.

［13］Mishra B K,Murty C R. On the determination of contact parameters for realistic DEM simulation of ball mills ［J］. Powder Technology,2001,115(2):290-297.

［14］Rayleigh. On waves propagated along the plane surface of an elastic solid［J］. Proeeedings of the London Mathematic Soceity,1887,17(2):1-14.

第3章 颗粒阻尼悬臂梁和平板结构振动特性

本书提出的离散元−有限元耦合算法的理论基础是离散元法[1-3]，它通过球形单元来模拟颗粒介质的运动及其相互作用。由运动方程确定每一时刻颗粒的位置和速度。在离散元法数值模拟中，将系统中的每个颗粒作为一个单元建立模型，并进行模拟，然后根据颗粒之间的接触，通过一系列计算追踪每个颗粒的运动，并获得不同时刻颗粒对系统的作用力，从而对整个结构系统的振动响应进行分析[4-5]。离散元法不需要过多的假设，使用简单的方程就可以对高度复杂系统动态行为进行模拟。

使用第2章提出的离散元−有限元耦合算法对带颗粒阻尼器悬臂梁和平板结构的响应进行仿真计算，并将仿真计算结果与实验结果进行比较，验证仿真算法的可行性和有效性；然后，通过仿真计算研究颗粒阻尼器及结构的各种参数对系统减振效果的影响规律，这克服了实验研究工作量大的缺点。

对带颗粒阻尼器结构进行仿真分析，不仅可以减少实验工作量、节约成本，而且便于深入研究各种参数对减振特性的影响规律，因此对带颗粒阻尼器结构的仿真研究具有重要意义。

3.1 颗粒阻尼器参数识别

参数辨识技术是一种将理论模型与实验数据结合起来用于预测的技术。参数辨识根据实验数据和建立的模型确定一组模型的参数值，使得由模型计算得到的数值结果能最好地拟合测试数据，从而可以对未知过程进行预测，提供一定的理论指导。在具体研究中，首先建立一个粗略的模型，用这个模型对实验测量结果进行预测。当计算得到的数值结果与测试值之间的误差较大时，就认为该数学模型与实际的过程不符或者差距较大，进而修改模型，重新选择参数。当预测结果与实测结果相符时，认为此模型具有较高的可信度。凡是需要通过实验数据确定数学模型和估计参数的场合都要利用辨识技术，辨识技术已经推广到工程和非工程的许多领域，如电力系统[6]、车辆工程[7-9]、新能源系统[10-12]、土木工程[13]、机械工程[14-16]、航空航天飞行器[17-18]、船舶与海洋工程[19]等。

适应控制系统则是辨识与控制相结合的一个范例,也是辨识在控制系统中的应用。

颗粒阻尼器在结构上虽简单,但其耗能机理非常复杂。颗粒结构的冲击和摩擦现象等强非线性,使得颗粒阻尼器具有高度非线性特点[20-21]。

颗粒阻尼器的耗能可分为内部耗能和外部耗能两种形式。颗粒与孔壁之间的冲击、摩擦耗能属外部耗能,而颗粒与颗粒之间的冲击、摩擦耗能属内部耗能。耗能多少取决于系统的各种参数。例如,结构振动水平较低时,颗粒的动能不足以使之跳起与其他颗粒和孔壁发生碰撞冲击,此时结构耗能主要是靠颗粒间以及颗粒与孔壁之间的摩擦;而在振动水平较高时,颗粒间以及颗粒与孔腔的冲击耗能所占比例将会增加[22-23]。对颗粒阻尼器进行理论研究时,所建模型必须全面考虑上述耗能形式,才能对不同系统参数下的耗能情况进行可靠的仿真计算。

3.1.1 阻尼器悬臂梁结构简化模型

通过对带单颗粒阻尼器悬臂梁的理论研究,并与实验结果比较可以得到颗粒阻尼器的相关参数,如颗粒摩擦系数、弹性恢复系数等。本小节对单个颗粒的减振效果进行理论计算,其模型如图 3-1 所示。模型中的等效质量由三部分组成,即 $M = M_1 + M_2 + M_3$,其中 M_1 为简化后悬臂梁的等效质量;M_2 为填充颗粒的金属盒质量;M_3 为加速度计的质量。$M_1 = \rho \int_0^l f^2(x,l)\mathrm{d}x$,其中 ρ 为悬臂梁的线密度,$f(x) = \frac{1}{2}\left[3\left(\frac{x}{l}\right)^2 - \left(\frac{x}{l}\right)^3\right]$ 为悬臂梁的挠度函数,计算得 $M_1 = \frac{33}{140}\rho l$。模型中的等效刚度为 $K = EI\int_0^L f^2(x,l)\mathrm{d}x = \frac{3EI}{l^3}$,其中 I 为悬臂梁的弯曲截面惯性矩,E 为弹性模量,l 为梁的长度[103]。

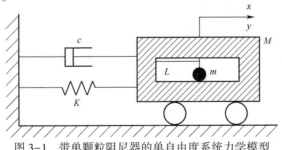

图 3-1　带单颗粒阻尼器的单自由度系统力学模型

在图 3-1 所示的带单颗粒阻尼器悬臂梁简化模型中,给振动质量 M 施加初始位移后令其发生自由振动,颗粒在孔腔中做水平方向的运动。取振动质量 M

中心位置为坐标原点,当颗粒与振动质量 M 的相对位移大于 L(或小于 $-L$)时,颗粒与振动质量 M 发生相互碰撞,改变速度方向后,颗粒又以新的初始速度运动,满足条件后再次碰撞,如此反复。

令 x 表示振动质量 M 的运动,y 表示颗粒的运动。假设系统的初始条件为

$$\begin{cases} x(0) = x_0 = a > 0, \quad \dot{x}(0) = \dot{x}_0 = 0 \\ y(0) = y_0 = a > 0, \quad \dot{y}(0) = \dot{y}_0 = 0 \end{cases} \tag{3-1}$$

由于颗粒滚动时能量消耗较少且无明确的理论可依,故忽略滚动摩擦。无碰撞情况下振动质量 M 与颗粒 m 的运动微分方程为

$$\begin{cases} M\ddot{x} + C\dot{x} + Kx = -\mu mg \cdot \mathrm{sgn}(\dot{x} - \dot{y}) \\ m\ddot{y} = \mu mg \cdot \mathrm{sgn}(\dot{x} - \dot{y}) \end{cases} \tag{3-2}$$

式(3-2)的通解为

$$\begin{cases} x = \mathrm{e}^{-\zeta\omega_n t}\left[C_1\cos(\omega_d t) + C_2\sin(\omega_d t) \right] + \dfrac{\mu mg}{k}\mathrm{sgn}(\dot{x} - \dot{y}) \\ y = -\dfrac{\mu g}{2}t^2 + D_1 t + D_2 \end{cases} \tag{3-3}$$

式中:$\omega_n = \sqrt{K/M}$;$\zeta = \dfrac{C}{2M\omega_n}$;$\omega_d = \omega_n\sqrt{1 - \zeta^2}$。

将初始条件式(3-1)代入式(3-3),得到振动质量 M 与颗粒的位移解为

$$\begin{cases} x = \mathrm{e}^{-\zeta\omega_n t}\left\{ \left[x_0 - \dfrac{\mu mg}{k} \cdot \mathrm{sgn}(\dot{x} - \dot{y}) \right]\cos(\omega_d t) + \right. \\ \left. \dfrac{\dot{x}_0 + \zeta\omega_n\left[x_0 - \dfrac{\mu mg}{k} \cdot \mathrm{sgn}(\dot{x} - \dot{y}) \right]}{\omega_d}\sin(\omega_d t) \right\} + \dfrac{\mu mg}{k} \cdot \mathrm{sgn}(\dot{x} - \dot{y}) \\ y = -\dfrac{\mu g}{2}t^2 \cdot \mathrm{sgn}(\dot{x} - \dot{y}) + \dot{y}_0 t + y_0 \end{cases} \tag{3-4}$$

式(3-4)对时间求导,得到其速度解为

$$\begin{cases} \dot{x} = \mathrm{e}^{-\zeta\omega_n t}\left\{ -\zeta\omega_n\left[x_0 - \dfrac{\mu mg}{k} \cdot \mathrm{sgn}(\dot{x} - \dot{y}) \right] + \dot{x}_0 + \zeta\omega_n\left[x_0 - \dfrac{\mu mg}{k} \cdot \mathrm{sgn}(\dot{x} - \dot{y}) \right] \right\}\cos(\omega_d t) - \\ \zeta\omega_n\dfrac{\dot{x}_0 + \zeta\omega_n\left[x_0 - \dfrac{\mu mg}{k} \cdot \mathrm{sgn}(\dot{x} - \dot{y}) \right]}{\omega_d} + \omega_d\left[x_0 - \dfrac{\mu mg}{k} \cdot \mathrm{sgn}(\dot{x} - \dot{y}) \right]\sin(\omega_d t) \right\} \\ \dot{y} = -\mu gt \cdot \mathrm{sgn}(\dot{x} - \dot{y}) + \dot{y}_0 \end{cases}$$

$$\tag{3-5}$$

碰撞后振动质量 M 和颗粒的速度、位移可由动量守恒定律及碰撞恢复系数 e 定义,即

$$\mu_m \dot{x}_- + \dot{y}_- = \mu_m \dot{x}_+ + \dot{y}_+ \qquad (3-6)$$

$$\dot{y}_+ - \dot{x}_+ = e(\dot{x}_- - \dot{y}_-) \qquad (3-7)$$

式中: $\dot{x}_-$ 、$\dot{y}_-$ 和 $\dot{x}_+$ 、$\dot{y}_+$ 分别为振动质量 M 和颗粒碰撞前、后的瞬时速度; $\mu_m = M/m$ 。由式(3-6)、式(3-7)解得

$$\begin{cases} \dot{x}_+ = \dfrac{(\mu_m - e)\dot{x}_- + (1 + e)\dot{y}_-}{1 + \mu_m} \\[4mm] \dot{y}_+ = \dfrac{(\mu_m + e\mu_m)\dot{x}_- + (1 - e\mu_m)\dot{y}_-}{1 + \mu_m} \end{cases} \qquad (3-8)$$

从式(3-4)和式(3-8)可得到振动质量 M 和颗粒碰撞后的瞬时位移和速度,作为下一次碰撞的初始条件代入方程式(3-3)。每次碰撞后重复上述过程即可以仿真出带单颗粒阻尼器结构简化的单自由度振动系统及颗粒的运动情况。

图 3-2 给出了钢球直径为 5mm、质量为 0.51g、恢复系数为 0.7、摩擦系数为 0.6,且振动质量 M 的初始位移为 6mm 时其自由振动的响应曲线;图 3-3 所示为钢球直径为 4mm、质量为 0.26g、恢复系数为 0.75、摩擦系数为 0.5,且振动质量 M 的初始位移为 6mm 时其自由振动的响应曲线。图 3-2 和图 3-3 中实线为填充单颗粒时振动质量 M 振动的位移-时间曲线,虚线为无颗粒时振动质量 M 振动的位移-时间曲线。

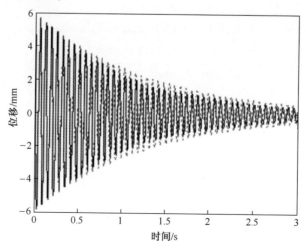

图 3-2　颗粒为直径 5mm 的钢球时振动质量 M 振动的位移-时间历程

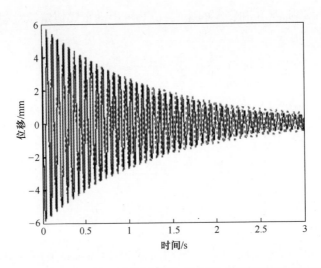

图 3-3　颗粒为直径 4mm 的钢球时振动质量 M 振动的位移-时间历程

3.1.2　模型参数修正

　　带单颗粒阻尼器悬臂梁与带集中型颗粒阻尼器悬臂梁的振动特性测试类似,这里不再详细描述实验方法。将理论计算结果和实验结果进行比较,在一定范围内修正模型参数中的摩擦系数和碰撞恢复系数,使得仿真的位移-时间历程图与实验测量得到的位移-时间历程图尽可能一致,认为此时的摩擦系数和恢复系数能够较好地反映颗粒与孔腔之间的碰撞、摩擦以及滚动引起的能量损耗情况。对于直径 3mm 的钢球,当摩擦系数和弹性恢复系数分别为 0.53 和0.73 时,可以得到其他颗粒修正后的摩擦系数和恢复系数如表 3-1 所列。

表 3-1　颗粒修正后的摩擦系数和恢复系数

参数	直径 2mm 钢球	直径 3mm 钢球	直径 4mm 钢球	直径 5mm 钢球
摩擦系数	0.55	0.53	0.55	0.51
恢复系数	0.7	0.73	0.75	0.81

3.2　颗粒阻尼悬臂梁振动特性研究

3.2.1　基于时域衰减法的悬臂梁阻尼特性实验

　　集中型颗粒阻尼器由金属盒和盒中颗粒组成,当颗粒在金属盒中发生振动

48

时,颗粒之间及颗粒与孔壁之间发生摩擦、碰撞,从而进行振动能量的转换与耗散,降低系统的振动幅值。与传统的冲击减振器相比,颗粒阻尼器具有减振频带宽、冲击力小、无噪声等优点。同时,这种阻尼器结构简单,便于进行理论分析和模型参数校正。通过对具有集中型颗粒阻尼器这种简单的结构进行实验研究,可识别颗粒阻尼器相关的参数,从而为后续研究带分布式颗粒阻尼器的复杂结构提供参数依据。

1. 实验模型

在悬臂梁自由端固定一个可填充颗粒的金属盒,利用加速度传感器测试悬臂梁相应位置的加速度响应,实验测试系统如图3-4所示。悬臂梁实验件的材料为铸钢,材料密度为$7.8 \times 10^3 \mathrm{kg/m^3}$,弹性模量为$E = 1.75 \times 10^{11}\ \mathrm{Pa}$;悬臂梁的结构尺寸如下:长300mm、宽25mm、厚4mm;用以填充颗粒的金属盒质量为122g;测试悬臂梁振动加速度传感器采用YD-39型,质量为16g,该加速度传感器灵敏度为$1.22\mathrm{PC/m \cdot s^{-2}}$。

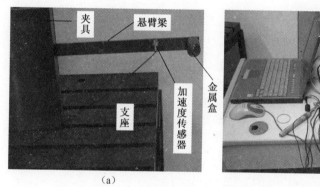
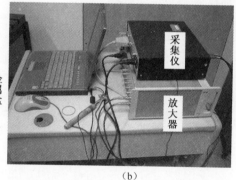

图3-4 实验测试系统

(a)测试系统结构;(b)测试仪器。

2. 无颗粒时悬臂梁系统固有特性

在研究颗粒阻尼器产生的阻尼效果之前,需验证实验的可靠性,如实验中采用固定悬臂梁的夹具是否满足一端固支的要求,附加的金属盒及加速度传感器对悬臂梁振动特性影响程度如何,能否忽略它们的质量等。

本小节对悬臂梁附加金属盒、不附加金属盒的前两阶固有频率进行了实验和有限元计算,并比较了实验结果和有限元计算结果。有限元计算中两种状况均考虑了加速度传感器的质量。结果说明本实验所采取的悬臂梁夹具能满足一端固支的要求,金属盒及加速度传感器质量对系统固有频率影响较大,在测试系统固有特性时必须考虑它们的影响,结果如表3-2和表3-3所列。

表 3-2　不附加金属盒悬臂梁结构固有频率的计算与实验结果

阶数	实验值/Hz	ANSYS 计算值/Hz	误差/%
1 阶	30.9	30.2	2.27
2 阶	194.6	194.3	0.15

表 3-3　附加金属盒的悬臂梁结构固有频率的计算与实验结果

阶数	实验值/Hz	ANSYS 计算值/Hz	误差/%
1 阶	19.7	19.5	1.02
2 阶	175.4	174.7	0.4

3. 实验方案

实验过程中所选用的颗粒包括直径分别为 2mm、3mm、4mm 和 5mm 的钢球以及 20 目碳化钨颗粒和 40 目钛合金颗粒。各种颗粒如图 3-5 所示。

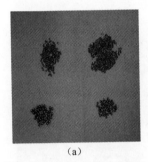

(a)　　　　　　　　　(b)　　　　　　　　　(c)

图 3-5　不同直径钢球、碳化钨和钛合金颗粒

(a)钢球;(b)碳化钨;(c)钛合金。

测试时金属盒用带螺纹的盖拧紧以封闭内部颗粒,并用磁吸座将其吸附在悬臂梁自由端,金属盒如图 3-6 所示。用 DASP2003 数据采集系统采集梁的振动响应信号。

图 3-6　实验中采用的金属盒

本小节通过实验测量带集中型颗粒阻尼器悬臂梁的自由衰减响应,每组实验均重复3次,因此保持每次悬臂梁具有相同的初始位置至关重要。在实验中,将具有一定颗粒填充率的颗粒阻尼器吸附在悬臂梁相应位置(分别距离悬臂梁固定端100mm、200mm和300mm),用棉绳将悬臂梁自由端拉到初始位置后,用剪刀将绳子突然剪断,悬臂梁在给定初始位移下做自由衰减振动,测试其振动的加速度-时间历程。这样做既可保证初始位置的精度,又可实现自由衰减振动。

本书中所说的颗粒填充率是颗粒阻尼器体积填充率,即在重力作用下填满金属盒即认为是100%的填充。各种颗粒填充率下的质量通过以下方式得到:首先用相应的颗粒将盒子填充满(不施加压力,仅在重力作用下),得到100%颗粒填充率状态下颗粒的质量(未考虑颗粒间隙);然后换算出90%、70%、50%和30%颗粒填充率下颗粒的质量,各种颗粒对应填充率下的颗粒质量如表3-4所列。

表3-4　各种颗粒对应填充率下的颗粒质量　　　　　　(g)

颗粒填充率/%	直径2mm钢球	直径3mm钢球	直径4mm钢球	直径5mm钢球	碳化钨颗粒	40目钛合金颗粒
100	25.0	23.5	22.9	21.9	51.1	14.5
90	22.5	21.2	20.6	19.7	46.0	13.1
70	17.5	16.5	16.0	15.3	35.8	10.2
50	12.5	11.8	11.5	11.0	25.6	7.3
30	7.5	7.1	6.9	6.6	15.3	4.4

实验测试工况包括以下几种。

(1)固定悬臂梁自由端的初始位置,使其分别为3mm、6mm和8mm,以研究结构初始位移对其减振效果的影响。

(2)选用各种颗粒:直径为2mm、3mm、4mm和5mm的钢球;20目碳化钨颗粒;40目钛合金颗粒,以研究颗粒材料和尺寸对结构减振效果的影响。

(3)对于不同类型颗粒,分别选择0、30%、50%、70%、90%和100%共6种不同颗粒填充率状态,以研究颗粒填充率对结构减振效果的影响。

(4)选择3个不同的颗粒阻尼器位置,颗粒阻尼器距悬臂梁固定端距离分别取300mm(A点)、200mm(B点)和100mm(C点),以研究颗粒阻尼器在悬臂梁上不同位置对其减振效果的影响。

4. 模态阻尼比的计算方法

计算结构阻尼比的方法主要有半功率带法和时域信号衰减法。半功率带法计算阻尼比的公式为

$$\zeta = \frac{\Delta\omega}{2\omega_n} \tag{3-9}$$

式中：$\Delta\omega$ 为半功率点对应的带宽；ω_n 为系统的共振频率。

时域信号衰减法是计算单自由度系统阻尼比的一种方法，它是根据系统的自由衰减振动响应时间历程求其阻尼比。响应时间历程的对数衰减率为

$$\delta = \frac{1}{j}\ln\frac{A_i}{A_{i+j}} = \zeta\omega_n\frac{2\pi}{\omega_d} = \frac{2\pi\zeta}{\sqrt{1-\zeta^2}} \tag{3-10}$$

式中：A_i 为振幅衰减曲线的第 i 个峰值；j 为间隔的振动周期数。当 ζ 较小（$\zeta < 0.2$）时，式（3-10）可简化为 $\delta = 2\pi\zeta$，即

$$\zeta = \frac{\delta}{2\pi} \tag{3-11}$$

本书采用时域信号衰减法计算悬臂梁的阻尼比。实验中悬臂梁系统阻尼比远小于 0.2，故可以应用式（3-11）对其阻尼比进行近似计算。对各种工况下实验测得的振动信号时间-历程，根据每相邻 3 个周期的振动信号先由式（3-10）计算出对数衰减率的平均值，然后由式（3-11）求得相应的阻尼比，进而获得阻尼比随各参数的变化关系。

本书对各种工况下悬臂梁一阶振动特性进行测试，得到悬臂梁自由端的时域响应曲线，并分析颗粒填充率、填充颗粒密度及悬臂梁初始位移等参数对减振效果的影响规律。

在悬臂梁自由端初始位移为 8mm，颗粒阻尼器位于悬臂梁自由端且填充直径为 2mm 的钢球颗粒时，各种颗粒填充率下悬臂梁自由端振动衰减的位移-时间历程如图 3-7 所示。

悬臂梁自由端的初始位移为 8mm，颗粒阻尼器位于悬臂梁自由端，填充不同颗粒时（颗粒填充率均为 70%）悬臂梁自由端的位移-时间历程如图 3-8 所示。限于篇幅在此只给出上述工况下悬臂梁测点位移-时间历程的测试曲线，但在表 3-5 中给出了所有实验的阻尼比测试数据。

在计算系统阻尼比时发现，信号在最初几个周期内的衰减速度很快，随着振幅的降低，衰减速度越来越慢，当振幅降低到一定程度后，其衰减曲线与不加颗粒阻尼器时悬臂梁的衰减曲线非常相似。这是由于在振幅衰减的初始阶段，大部分甚至全部的颗粒都参与了振动且颗粒运动剧烈，颗粒碰撞、摩擦所消耗的能量远大于依靠悬臂梁自身结构阻尼消耗的能量。随着时间的推移，悬臂梁的振幅逐渐降低，颗粒的运动随之减弱，由颗粒阻尼器提供的阻尼减少，结构振动的衰减速度降低。当系统的振幅衰减到一定程度后，颗粒的运动变得非常微弱，悬臂梁主要依靠自身的结构阻尼消耗能量，因此在时域衰减的最后阶段带颗粒阻尼器悬臂梁的阻尼比与无颗粒阻尼器悬臂梁的阻尼比很接近。

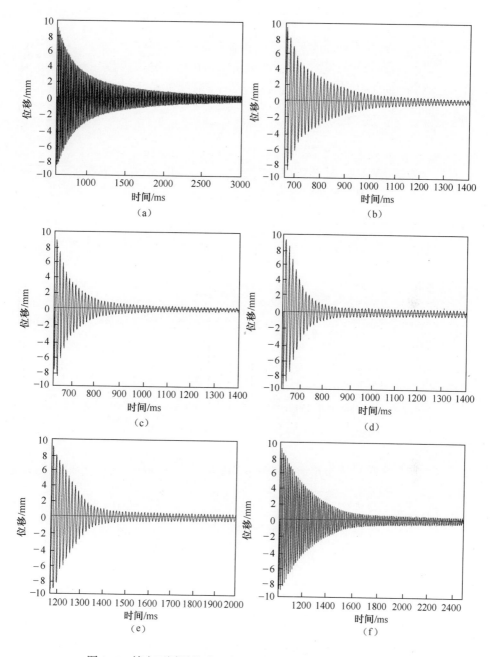

图 3-7　填充不同颗粒时悬臂梁自由端衰减的位移-时间历程

（a）无颗粒；（b）30%的填充率；（c）50%的填充率；（d）70%的填充率；

（e）90%的填充率；（f）100%的填充率。

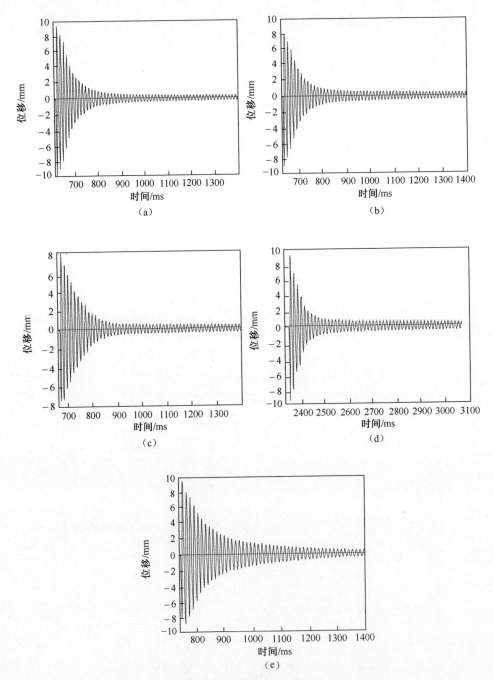

图 3-8　填充不同颗粒时悬臂梁自由端的位移-时间历程

（a）直径 3mm 的钢球；（b）直径 4mm 的钢球；（c）直径 5mm 的钢球；（d）碳化钨颗粒；（e）钛合金颗粒。

由上述分析可知,整个时域衰减过程中系统阻尼比与结构振动幅值之间具有明显的非线性关系。

利用时域信号衰减法(取前 20 个周期计算,因为在振幅衰减的初始阶段,颗粒运动比较剧烈,消耗大量的振动能量,随着时间延长系统振幅减小,颗粒相对结构趋于静止,此时系统耗能取决于结构内阻尼)计算悬臂梁的实验阻尼比,计算结果如表 3-5 所列。

表 3-5　各种实验状态下的悬臂梁阻尼比　　　　　　　　（%）

初始位移	填充率	φ2mm钢球			φ3mm钢球	φ4mm钢球			φ5mm钢球	碳化钨	钛合金
		A 点	B 点	C 点	A 点	A 点	B 点	C 点	A 点	A 点	A 点
3mm	0	0.405	0.356	0.365	0.405	0.405	0.356	0.365	0.405	0.356	0.365
	30	1.134	1.035	0.628	1.135	1.231	1.102	0.620	1.670	1.959	0.739
	50	1.931	1.347	0.560	1.172	1.564	1.277	0.655	2.239	2.317	0.904
	70	2.273	2.067	0.721	2.370	1.920	1.684	0.781	2.756	2.277	0.920
	90	2.143	1.689	0.970	2.168	1.768	2.307	0.995	3.116	2.250	0.931
	100	0.670	0.661	0.607	0.711	0.475	0.703	0.452	1.029	0.804	0.854
6mm	0	0.654	0.693	0.765	0.654	0.654	0.693	0.765	0.654	0.654	0.654
	30	1.493	0.803	0.745	1.672	1.678	1.496	1.014	2.003	2.222	1.013
	50	2.322	1.513	0.902	2.224	2.336	1.608	0.920	2.529	2.825	1.457
	70	2.892	2.437	1.417	2.857	2.888	2.536	1.139	2.646	3.084	1.669
	90	2.547	2.337	1.641	2.651	2.496	2.503	1.421	2.665	2.946	1.554
	100	0.714	0.910	0.751	0.707	0.621	0.772	0.815	1.052	1.211	1.177
8mm	0	0.669	0.849	1.107	0.669	0.669	0.849	1.107	0.669	0.669	0.669
	30	1.739	1.451	1.137	1.892	1.646	1.383	1.941	1.885	2.355	1.119
	50	2.497	1.658	1.234	2.476	2.491	2.043	1.191	2.399	3.131	1.613
	70	3.289	1.398	1.539	2.881	3.008	1.961	1.234	2.482	3.237	1.907
	90	2.328	2.533	1.399	2.283	2.339	2.918	1.333	2.167	3.238	1.437
	100	0.817	1.115	0.972	0.956	1.212	1.106	0.903	1.075	1.531	1.126

注:表中 A 点、B 点和 C 点分别表示颗粒阻尼器距悬臂梁固定端距离为 300mm、200mm 和 100mm。

颗粒填充率为 70%,悬臂梁自由端初始位移为 8mm,采用不同填充颗粒时测得的系统阻尼比随阻尼器所处位置的位移变化情况(图 3-9(a))。悬臂梁自由端初始位移为 8mm,颗粒材料为直径 2mm 钢球,在不同颗粒填充率下系统的阻尼比随阻尼器所处位置的位移变化情况(图 3-9 中(b))。图 3-9 中的阻尼比是根据悬臂梁相应振动位移处相邻 3 个周期的振动信号计算得到的结果,而表 3-5 中的阻尼比是根据振动开始后前 20 个周期的振动信号计算的系统平均阻尼比。

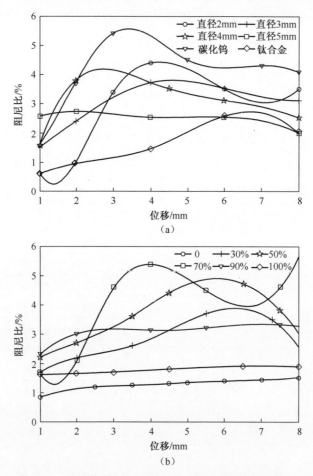

图 3-9　系统阻尼比随悬臂梁自由端初始位移的变化
(a)70%填充率;(b)直径 2mm 的钢球。

图 3-10 是给定系统初始位移后对采集到的信号进行频谱分析得到的加速度幅值谱。图 3-11 是系统阻尼比随颗粒填充率的变化情况,给出了不同材料下颗粒填充率与系统阻尼比之间的关系。

根据表 3-5 及图 3-9~图 3-11 可得到以下几点。

(1) 颗粒阻尼对于提高悬臂梁阻尼特性效果明显,最佳状况下悬臂梁的阻尼比增加到 492%。

(2) 颗粒填充率对系统阻尼比有明显影响。

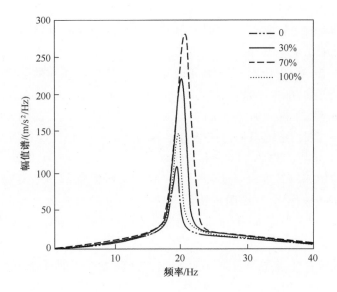

图 3-10　不同填充率时悬臂梁自由端的幅频响应谱图

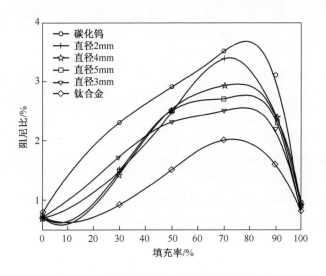

图 3-11　颗粒填充率与系统阻尼比的关系

　　根据单自由度系统阻尼比的计算公式 $\zeta = \dfrac{c}{c_{cr}} = \dfrac{c}{2\sqrt{KM}}$，当增加颗粒填充率时，若仅考虑系统质量增加这一因素，系统阻尼比将减小。例如，颗粒填充率为30%，颗粒材料为钢球时，系统阻尼比应比无颗粒时减少 1.06%；颗粒材料为碳化钨时,系统阻尼比应比无颗粒时减少 1.96%。实验结果表明,此时系统的阻尼比比无颗粒时的阻尼比明显增加,显然这是由于颗粒间以及颗粒与孔壁间相互作用导致的结果。

从表 3-5 中可以看出,当颗粒填充率为 70% 左右时颗粒阻尼器的减振效果最好。当悬臂梁自由端初始位移为 8mm,填充颗粒的金属盒附加在距悬臂梁固定端 300mm 处,颗粒分别为 $\phi 2mm$、$\phi 3mm$、$\phi 4mm$、$\phi 5mm$ 的钢球以及碳化钨和 40 目钛合金时,系统阻尼比比悬臂梁相应状态下无填充颗粒时分别增加到 492%、431%、450%、371%、484% 和 285%。

当颗粒填充率较高时(如 90%、100%),颗粒密集运动受限,不能充分发挥其冲击减振作用,系统阻尼比明显降低;当颗粒填充率较小时(30%),因颗粒的数量较少,颗粒间相互碰撞、摩擦的机会降低,所以减振效果也有所降低。

(1)颗粒直径对系统阻尼比有影响。分析表 3-5 所列颗粒分别为直径 2mm、3mm、4mm 和 5mm 的钢球时悬臂梁系统的阻尼比,可以看出,在悬臂梁自由端初始位移较小时(3mm)采用直径较大的钢球($\phi 5mm$)作为填充材料,其减振效果较好,而在悬臂梁自由端初始位移较大时(8mm)选用直径较小的钢球($\phi 2mm$)作为填充材料,其减振效果较好。

(2)颗粒材料密度对系统阻尼比有明显影响。从图 3-11 可以看出,密度最大的碳化钨产生的减振效果最好,而密度最小的钛合金产生的减振效果最差。这主要是由于密度越大,颗粒间及颗粒与孔壁间的摩擦、冲击作用越大,减振效果越好。

(3)悬臂梁自由端初始位移对系统阻尼比有影响。初始位移越大,系统的阻尼比越大,因为振动幅值越大,阻尼器内颗粒的运动越剧烈,可以充分通过碰撞、摩擦消耗较多的振动能量。

(4)颗粒阻尼器的位置对系统阻尼比有影响。当颗粒阻尼器在距离悬臂梁固定端 300mm 时(自由端),对系统的减振效果最好。因为振动过程中该位置的振幅相对较大,颗粒的碰撞、摩擦效果明显。

通过上述实验研究,可以得出在工程应用中颗粒阻尼器参数的选取应遵循的原则:应尽量选择密度大的颗粒材料,如碳化钨、铅粉等;颗粒填充率可选择在 70% 左右;阻尼器位置应设计在系统振幅较大位置。

3.2.2 基于正弦激振法的悬臂梁阻尼特性实验

时域衰减法主要用于锤击法引起的振动测试或自由衰减测试,但由于结构和力锤等因素的限制,使用锤击法或自由衰减振动法不易得到所需要的频率范围,并且无法研究颗粒阻尼特性与激振力之间的关系;颗粒阻尼器主要是在结构共振时发挥减振作用,步进式正弦激振法便于深入研究结构共振时的阻尼特性。本小节主要用步进式正弦激振法研究带颗粒阻尼器悬臂梁的阻尼特性与各参数之间的关系。

1. 实验方案

本小节所采用的悬臂梁材料、尺寸、测量悬臂梁振动加速度信号的传感器与3.2.1 小节相同,所不同的是实验中用 JZ-5 型电磁激振器对悬臂梁进行激励。信号发生器产生的正弦信号通过功率放大器放大后驱动电磁激振器,电磁激振器通过顶杆来实现对悬臂梁的激振,激振位置距自由端 50mm。力传感器安装在顶杆上用于监测激振力幅值的大小,在测试过程中通过调整信号发生器和功率放大器来保证不同激振频率时激振力幅值恒定。图 3-12 所示为实验激振系统设备,图 3-13 所示为测试系统设备。

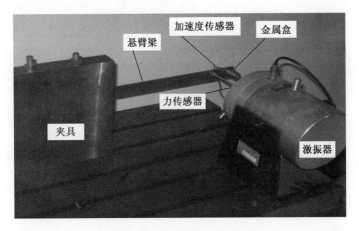

图 3-12　实验测试激振设备

实验的主要测试振型是悬臂梁的一阶弯曲振动,其最大振动位移点为悬臂梁自由端,因此,测试点选择悬臂梁自由端点。力传感器及平板结构上的加速度传感器产生的电荷信号则通过电荷放大器转换为电压信号,最后利用DASP2003 数字信号采集分析系统和计算机进行显示、采集及分析。

用步进式正弦激振法研究带颗粒阻尼器悬臂梁的振动特性时取下列参数。

① 激振力幅值:0.1N、0.3N、0.5N、0.7N、0.9N。

② 激振频率范围:15~35Hz。

③ 颗粒材料种类:40 目钛合金,直径 2mm 的钢球,20 目碳化钨颗粒。

④ 颗粒填充率:0、30%、50%、70%、90%和 100%。

实验过程:确定颗粒填充率后,分别采用 5 种不同幅值的正弦激振力对悬臂

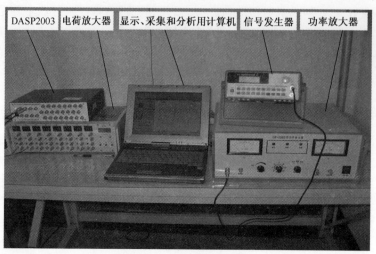

图 3-13　测试系统设备

梁系统进行慢速扫频,并测量悬臂梁自由端的响应,激振力频率范围均为 15 ~
35Hz。在测试过程中,需要通过调整信号发生器或功率放大器来保证激振力幅
值在测试频率范围内始终为定值。对各种参数下振动结果进行记录、分析。每
种工况下重复进行 3 次实验,计算其平均阻尼比。

2. 颗粒阻尼悬臂梁阻尼特性

将激振器激励下的悬臂梁系统简化为图 3-14 所示的振动系统。主系统的
运动微分方程为

$$M\ddot{x} + c\dot{x} + kx = F_0 \sin\omega t \qquad (3-12)$$

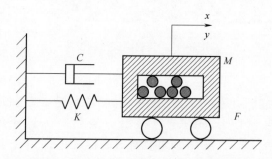

图 3-14　带颗粒阻尼器悬臂梁受正弦激励时的简化力学模型

系统稳态下的阻尼比为

$$\zeta = \frac{(1 - \lambda^2)\tan\varphi}{2\lambda} \qquad (3-13)$$

式中:λ 为激振力频率与系统共振频率的比值;φ 为响应相对激励的相
位差。

60

当颗粒填充材料、颗粒填充率以及激振力幅值确定后,可获得不同频率下悬臂梁测量点的振动加速度,由此可绘制出相应参数下幅频曲线。由幅频曲线可确定该测试条件下悬臂梁振动的共振频率,对于任意激振频率则可计算出其对应的频率比 λ ;同时通过对悬臂梁测试点振动响应与激振力的谱分析,能够获得梁的振动响应与激振力之间的相位差 φ 。确定 λ 、φ 之后即可根据式(3-13)求出系统的阻尼比。

由于带颗粒阻尼器悬臂梁结构是非线性系统,系统共振频率随着各种参数的变化而变化,但对于确定参数后的稳定系统有一个共振频率。其确定方法如下:在确定颗粒填充率、颗粒材料、阻尼器位置等参数后,通过慢扫频的方法确定悬臂梁共振频率范围。在不改变功率放大器和信号发生器增益的情况下,调整信号发生器的频率,当激振器激振力幅值达到最小值时,对应频率即认为是悬臂梁结构的共振频率。

1)幅频响应曲线

通过步进式正弦激振实验可以得到悬臂梁在不同颗粒填充率和激振力下的幅频响应曲线。图3-15是填充钛合金颗粒、颗粒填充率为70%、不同激振力幅值下悬臂梁测量点的幅频响应曲线。可以看出,系统的共振频率为24.7Hz左右。如颗粒填充率发生变化,整个系统的质量、阻尼均发生变化,导致系统共振频率会略有不同。不同颗粒填充率下系统的共振频率均可通过相应的幅频响应曲线确定。

2)阻尼比与激振力幅值的关系

图3-16所示为填充40目钛合金颗粒、颗粒填充率为30%时系统阻尼比随激振力幅值、频率的变化规律。从图中可以看出,当激振力频率为系统共振频率时系统的阻尼比最大;在共振以外的区域,系统的阻尼比随激振力幅值变化很小,其原因是在这些区域悬臂梁位移响应很小,颗粒阻尼器中的颗粒不能充分发挥摩擦和碰撞的耗能作用,这也说明了颗粒阻尼主要是在共振点附近起作用。

图3-16显示了激振力频率为共振频率时悬臂梁系统阻尼比随激振力幅值的变化。从图中可以看出,在共振频率下悬臂梁系统的阻尼比随激振力幅值增加而明显增加,其原因是在共振点处悬臂梁系统的位移响应随激振力幅值的增加而明显增加,颗粒运动变得更加剧烈,颗粒摩擦、碰撞耗能显著,导致阻尼比明显增大。

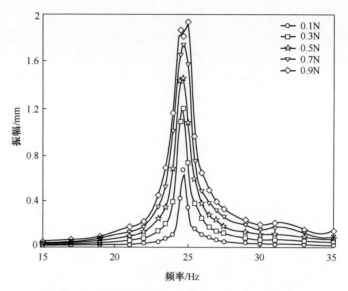

图 3-15　填充 70%钛合金时悬臂梁的幅频响应曲线

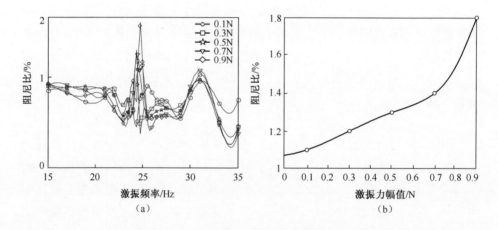

图 3-16　系统阻屁比与激振力幅值的关系

(a)阻尼比-激振频率关系;(b)激振力幅值-阻尼比关系。

　　图 3-17 给出了填充 40 目钛合金颗粒时,悬臂梁系统在不同颗粒填充率下阻尼比与激振力幅值的变化关系。从图 3-17 可以看出,各种颗粒填充率下系统阻尼比都随激振力幅值的增加而增加,但两者之间是一种非线性关系。在100%的颗粒填充率下系统阻尼比随激振力幅值的变化很小,其原因是此时金属盒中颗粒密集且互相挤压,相对运动小,碰撞和摩擦耗能也较小,且系统振幅对其影响不大。

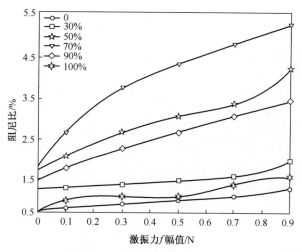

图 3-17　不同颗粒填充率时系统阻尼比与激振力幅值的关系

3）阻尼比与颗粒填充率的关系

图 3-18 所示为激振力幅值为 0.7N、填充颗粒为 20 目碳化钨时,悬臂梁系统阻尼比随激振频率、颗粒填充率的变化关系。从图中可以看出,在激振力频率为共振频率时系统的阻尼比最大,且阻尼比随颗粒填充率的变化很明显;在共振点以外的区域悬臂梁系统的阻尼比变化很小。在共振点处系统的阻尼比随颗粒填充率的变化很明显,而且当颗粒填充率在 70% 左右时系统阻尼比达到了最大值,这与使用时域衰减法得到的阻尼比随颗粒填充率的变化规律是一致的。

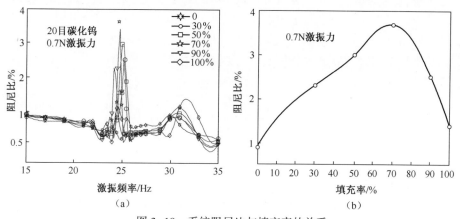

图 3-18　系统阻尼比与填充率的关系

(a)阻尼片与激振频率的关系;(b)阻尼比与填充率的关系。

图 3-19 所示为填充 20 目碳化钨和 40 目钛合金颗粒时,悬臂梁系统阻尼比随颗粒填充率的变化关系。从图中可以看出,当颗粒阻尼器的颗粒填充率在

70%左右时,不同的填充颗粒情况下,悬臂梁系统的阻尼比都达到了最大值,并且该最优颗粒填充率几乎不受其他参数变化的影响;悬臂梁系统的阻尼比随激振力幅值的增加而增加。

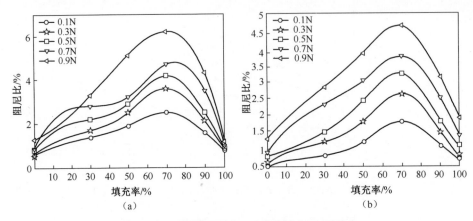

图 3-19　填充颗粒为 20 目碳化钨和 40 目钛合
金时系统阻尼比随填充率的变化曲线
(a)填充 20 目碳化钨颗粒;(b)填充 40 目钛合金颗粒。

4)阻尼比与颗粒密度的关系

由于在确定激振力幅值和颗粒填充率后,系统阻尼比随材料密度变化曲线类似,限于篇幅,本书只给出一种测试工况曲线:激振力幅值为 0.9N,颗粒填充率为 50%,填充颗粒分别为 20 目碳化钨、40 目钛合金和直径 2mm 的钢球时,悬臂梁系统在共振点处的阻尼比如表 3-6 所列。可以看出,在共振点处悬臂梁系统阻尼比随颗粒材料密度的增大而增加,且均比无填充颗粒时有大幅度提高。这一结论与采用时域衰减法分析实验结果所获结论是一致的。

表 3-6　不同填充颗粒状态下系统的最大阻尼比

参数	无颗粒	20 目碳化钨	40 目钛合金	$\phi 2mm$ 的钢球
密度/(kg/m^3)		13600	4300	7800
最大阻尼比/%	0.9	6.2	4.6	5.5

3.3　颗粒阻尼平板结构振动特性研究

3.3.1　颗粒阻尼平板结构实验研究

3.2 节对带颗粒阻尼器悬臂梁结构所进行的实验,目的主要是验证仿真算

64

法和校正仿真模型相关参数。由于航空发动机叶片结构处于高温高压环境中,其振动直接影响着发动机的性能,本节将重点研究颗粒阻尼器用于平板结构的减振效果。

本小节设计并加工了一组平板,并在平板上采用不同的颗粒阻尼器结构。通过实验研究不同阻尼器结构和数量对平板各阶振动特性的影响,并总结了其影响规律,进而为建立相应的理论模型提供依据。

1. 实验方案

在平板结构端部分别加工不同数量的孔腔,在孔腔中分别填入不同颗粒以研究颗粒阻尼器减振的效果。平板材料为铸钢,尺寸是 250mm×60mm×5mm,测试平板结构振动的加速度传感器为 YD-39 型,质量为 16g,其灵敏度为 $1.22PC/(m\cdot s)^2$。本书实验研究了颗粒阻尼器孔腔布置方式对平板结构减振性能的影响,如图 3-20 所示。

图 3-20　平板结构实验测试

利用夹具将平板一端固定,使之成为悬臂平板结构。通过电磁激振器激振平板,激振力大小可以通过改变功率放大器的输出来控制,用加速度传感器测试平板结构振动的响应。整个平板结构实验示意图如图 3-21 所示。

信号发生器产生的正弦信号通过功率放大器输入电磁激振器。力传感器和平板结构上的加速度传感器产生的信号则通过电荷放大器后输入 DASP 信号分析系统和数字万用表。其中数字万用表用于显示激振力幅值的大小,便于及时调整信号发生器或功率放大器以保证激振力幅值恒定。

测试平板结构孔腔布置及振动特性时激振位置和拾振位置如图 3-22 和图 3-23 所示。

实验内容如下。

(1)填充颗粒类型:20 目碳化钨、200 目铁粉和直径 2mm 的钢球。

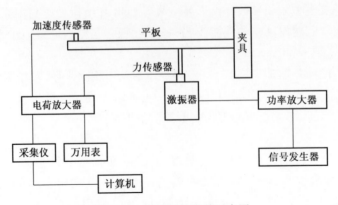

图 3-21　平板结构实验示意图

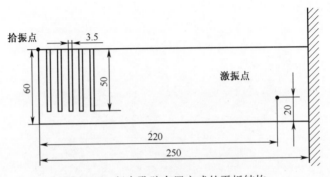

图 3-22　竖向孔腔布置方式的平板结构

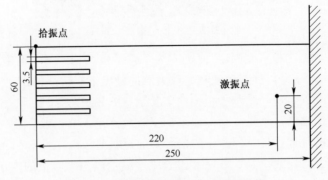

图 3-23　横向孔腔布置方式的平板结构

（2）颗粒填充率：0、30%、50%、70%和90%。

（3）激振力幅值：0.2N、0.4N、0.8N、1N、1.2N和1.6N。

（4）测试振型：一阶弯曲振型、二阶弯曲振型和三阶扭转振型。

（5）孔腔数量和形式：无孔、3 个横向孔、3 个竖向孔、5 个横向孔、5 个竖向孔。

2. 颗粒阻尼平板结构振动特性分析

1）平板结构有限元仿真

本书研究的平板几何尺寸为：长 250mm、宽 60mm、厚 5mm。

利用 UG 三维建模软件对平板进行实体建模后导入 ANSYS，有限元模型的准确程度直接关系到计算结果的正确与否。

选用 10 节点六面体单元 Solid92 对平板实体模型进行网格划分，得到图 3-24所示的有限元模型，整个模型中包括 18914 个节点、10951 个单元。

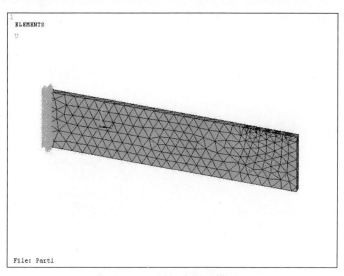

图 3-24　平板有限元模型

使用 ANSYS 软件计算平板在一端完全固定状态下的模态频率和模态振型。平板材料为铸钢，材料特性参数如表 3-7 所列。

表 3-7　平板铸钢材料的特性常数

弹性模量/GPa	泊松比	密度/(kg/m^3)
1. 5	0. 3	8500

将材料特性参数赋予平板模型，在 ANSYS 模态分析模块中选择分块兰索斯法（BLOCK LANCZOS）对结构进行模态分析，这个求解器采用 LANCZOS 算法，LANCZOS 算法是用一组向量来实现 LANCZOS 递归计算。当计算某系统特征值谱所包含一定范围的固有频率时，采用 BLOCK LANCZOS 法提取模态特别有效，其特别适用于大型对称特征值的求解问题。

由于计算模型具有轴对称的性质，存在重根，故在同一阶固有频率下可能具有两种模态振型,而实际上这两种振型的形状相同,仅仅是在位置上旋转了一定的角度。不考虑这种振型重合的现象,用 ANSYS 计算出的平板的前 3 阶固有频率及对振型的描述如表 3-8 所列。

表 3-8 ANSYS 计算的各阶固有频率及振型描述

阶数	频率/Hz	振型描述
1	49.5	一阶弯曲模态
2	300.4	二阶弯曲模态
3	481.7	三阶扭转模态

同时用 ANSYS 计算的平板结构前三阶模态振型如图 3-25~图 3-27 所示,前两阶分别对应着平板结构的弯曲振动,三阶对应着平板结构的扭转振动。

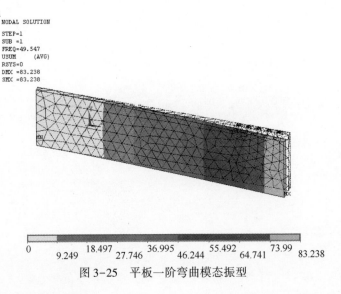

图 3-25 平板一阶弯曲模态振型

2) 平板结构实验分析

通过模态实验确定不带颗粒阻尼器平板结构的各阶振型和固有频率,为带颗粒阻尼器平板结构的分析奠定基础。采用单点激励单点响应(SISO) 的方法,首先求导纳矩阵的一列元素,然后识别各阶模态参数。

模态实验测试示意图如图 3-28 所示。测试原理:用带力传感器的脉冲锤敲击平板结构,力传感器采集力信号,经电荷放大器将信号放大后传送给采集系统;同时,由布置在平板结构测振点处的加速度传感器拾取振动加速度响应信号,经电荷放大器将信号放大后传送给采集系统;利用 DASP 数据分析软件对这两个信号作相应处理,计算传递函数,得到平板结构的模态参数。采用 SISO(单点输入单点输出) 方法进行实验,测点布置如图 3-29 所示,固定响应点位置在

68

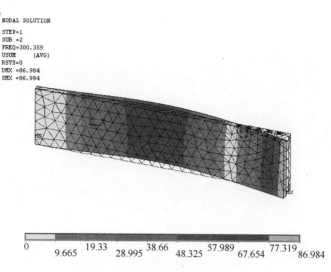

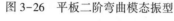

图 3-26 平板二阶弯曲模态振型

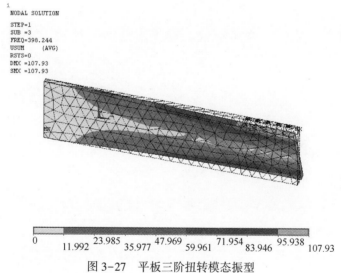

图 3-27 平板三阶扭转模态振型

27 号点不变,依次敲击各点得到相应的响应信号。

　　为了保证实验的测试精度,采用 3 次触发采样,分析频率取 1000Hz。得到前 3 阶模态振型,如图 3-30~图 3-32 所示,可以看出其一、二阶模态为平板结构的弯曲振动,三阶模态为平板结构的扭转振动。前 3 阶固有频率分别为48Hz、301Hz 和 483Hz。通过模态实验得到平板结构的固有频率后,在实验研究带颗粒阻尼器结构的各阶振动特性测试时,分别以上述固有频率为基础,在其周围快速扫描以得到其各阶共振频率。

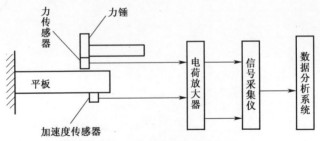

图 3-28　模态实验测试示意图

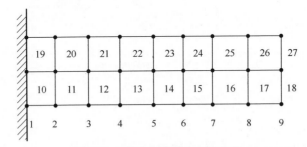

图 3-29　模态实验测点布置方案

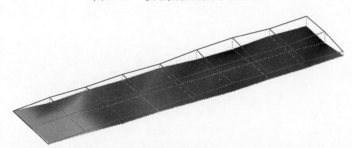

图 3-30　平板一阶弯曲模态振型(48Hz)

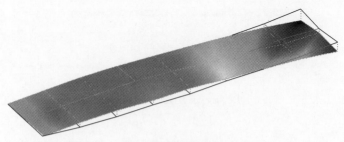

图 3-31　平板二阶弯曲模态振型(301Hz)

本小节通过实验研究了带颗粒阻尼器平板结构的一阶弯曲振动、二阶弯曲振动和三阶扭转振动的振动特性。具体的实验步骤如下。

图 3-32　平板三阶扭转模态振型(483Hz)

（1）对实验平板进行模态测试,以得到无填充颗粒时结构的各阶固有频率。

（2）在平板的合适位置布置孔腔,并加入一定填充率的颗粒,构成带颗粒阻尼器的平板结构。在步骤（1）所得结构共振频率值附近采用频率扫描方法确定填加有颗粒的平板结构共振频率的范围。在不改变功率放大器和信号发生器增益的情况下,调整信号发生器的频率,激振器激振力幅值达到最小值时,对应频率即为结构振动的共振频率。激振器激振力幅值的变化可通过测定数字万用表进行检测。

（3）确定激振频率范围,使之为平板结构共振频率。采用慢速扫描的方式测量并记录各激振频率下结构测点的响应。值得注意的是,在测试过程中随着激振力频率的改变,激振力幅值也在不断变化。为了研究在确定激振力幅值作用下系统的振动特性,每调整一次激振力频率,就需要调整功率放大器或信号发生器的增益以保证激振力幅值恒定。一次慢速扫描后即可获得某颗粒填充率下平板结构的幅频响应曲线。

（4）颗粒填充率不变,改变激振力幅值,并重复实验步骤（2）、（3）和进行平板结构响应的测试、记录。该工作目的是研究不同激振力大小对带颗粒阻尼器平板结构减振规律的影响。

（5）改变填充颗粒填充率,重复实验步骤（2）～（4）。该工作目的是研究不同颗粒填充率对带颗粒阻尼器平板结构减振规律的影响;改变颗粒阻尼器的填充颗粒类型。重复实验步骤（2）～（5）,用以研究填充颗粒的密度对带颗粒阻尼器的平板结构减振规律的影响。

（6）测量结构发生二、三阶共振下的响应。确定所要研究的振型后,重复上述实验步骤。用以研究颗粒阻尼器对不同振型减振规律的影响。

3）各参数对平板结构振动特性的影响

当孔腔布置方式为横向5孔、填充20目碳化钨颗粒、颗粒填充率为50%时,不同激振力幅值下平板结构测点的第一阶幅频响应曲线如图3-33所示。从图中可以看出,此时系统的共振频率是47Hz左右。当颗粒填充率发生变化时,整

71

个系统的质量发生变化,导致系统共振频率略有不同。带颗粒阻尼器平板结构的共振频率确定方法与悬臂梁系统类似。

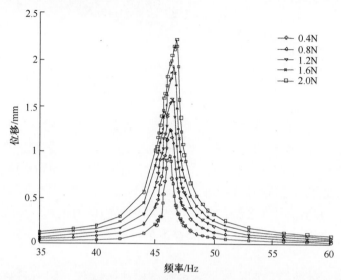

图 3-33　响应随激励频率的变化

（1）颗粒填充率的影响。图 3-34～图 3-36 分别给出了正弦激振力幅值为 0.8N、不同的孔腔布置方式、不同颗粒填充率下平板结构前 3 阶阻尼比与颗粒填充率的关系。从图中可以看出,在颗粒填充率为 70% 时平板各阶阻尼比均达到最大值。这与悬臂梁实验的结论是一致的。

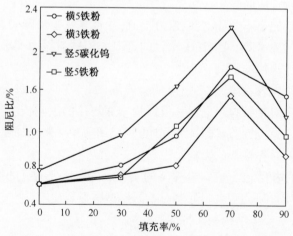

图 3-34　阻尼比与填充率的关系(幅值为 0.8N,一阶)

（2）激振力幅值的影响。图 3-37 所示为孔腔横向 5 孔布置的颗粒阻尼器、

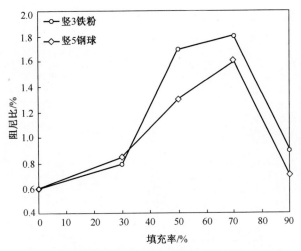

图 3-35　阻尼比与填充率的关系(幅值为 0.8N,二阶)

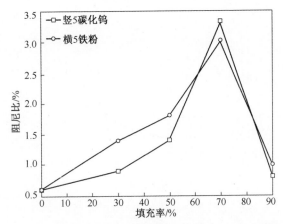

图 3-36　阻尼比与填充率的关系(幅值为 0.8N,三阶)

填充碳化钨材料、颗粒填充率为 50%、系统发生第一阶弯曲振动时平板结构阻尼比随激振力幅值大小的变化规律。以各阶共振频率的激振力激励平板时,其主要引起此阶共振,所以可以简化为单自由度系统求阻尼比。

图 3-37(a)显示了不同激振力幅值下系统阻尼比随激振力频率的变化。从图中可以看出,当激振力频率为共振频率时系统的阻尼比最大;在远离共振频率的区域,系统的阻尼比随激振力幅值的变化很小,其原因与带颗粒阻尼器悬臂梁结构类似,即在这些区域平板结构的位移响应小,孔腔中的颗粒不能充分发挥摩擦和碰撞耗能作用,这也说明了颗粒阻尼主要在共振区域起耗能作用。图 3-37(b)所示为在激振力频率为共振频率时阻尼比随激振力幅值的变化。由图可以看出,在共振点处系统的阻尼比随激振力幅值的增加而明显增加,其原因是在共振

点处系统的位移响应随激振力幅值增加,颗粒运动变得更加剧烈,颗粒摩擦、碰撞耗能显著,从而导致阻尼比变大。

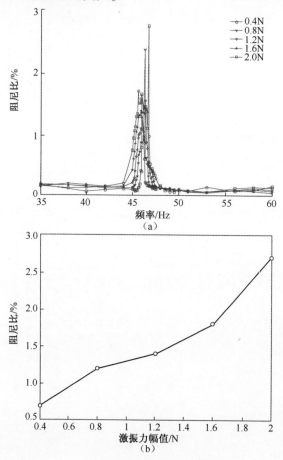

图 3-37　系统阻尼比与激振力幅值的关系

(a)不同激振力幅值下系统阻尼比随激振力频率的变化;(b)共振频率时阻尼比随激振力幅值的变化。

　　图 3-38~图 3-40 所示为各阶阻尼比与平板测点响应幅值之间的关系。图 3-41 所示为填充颗粒为碳化钨材料、孔腔布置为横向 5 孔、颗粒填充率为 50% 时平板各阶阻尼比随激振力幅值的变化情况,从图中可以看出,平板各阶阻尼比均随激振力幅值的增加而明显增加,并表现出非线性关系。

　　(3) 颗粒密度的影响。颗粒阻尼器孔腔布置方式为横向 5 孔、激振力幅值为 1.6N、颗粒填充率为 50% 时,填充颗粒分别为 20 目碳化钨、200 目铁粉、直径 2mm 的钢球情况下系统的最大阻尼比(激振力频率为共振频率时) 与颗粒材料之间的关系如表 3-9 所列。从表中可以看出,在平板系统的最大阻尼比随颗粒

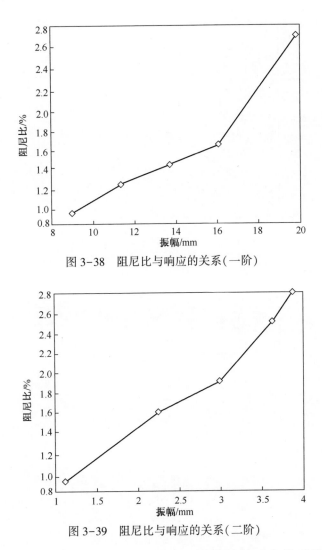

图 3-38　阻尼比与响应的关系(一阶)

图 3-39　阻尼比与响应的关系(二阶)

材料密度的增大而增加;密度相近的钢球和铁粉材料对应的系统阻尼比也很接近。

　　(4) 孔腔布置方式和孔腔数量的影响。在填充颗粒为 20 目碳化钨、正弦激振力幅值为 1.6N、颗粒填充率为 70%时,不同孔腔布置方式和孔腔数量下平板系统的各阶最大阻尼比如表 3-10 所列。从表中可以看出,孔腔布置方式相同的情况下,5 个孔腔状况下的系统阻尼比均大于 3 个孔腔下系统的阻尼比;在相同数量的孔腔情况下,弯曲振动时横向孔腔布置方式得到的阻尼比要大,在扭转振动时竖向孔腔布置方式得到的阻尼比要大。可见不同的孔腔布置方式对不同阶次振动减振效果有明显差别,这些为进行定向阶次振动控制的可行性提供了基础。

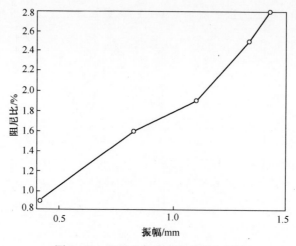

图 3-40　阻尼比与响应的关系(三阶)

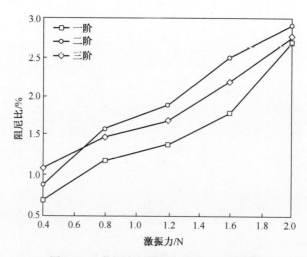

图 3-41　激振力幅值对各阶阻尼比的影响

表 3-9　不同填充颗粒状态下的系统最大阻尼比　　　(%)

阶次	无颗粒	20 目碳化钨	200 目铁粉	φ2mm 的钢球
一阶	0.6	2.7	1.9	1.7
二阶	0.7	3.6	2.3	1.5
三阶	0.7	3.7	2.1	1.8

　　本章设计了制作悬臂梁和平板结构实验系统,研究了颗粒材料、颗粒大小、颗粒填充率、阻尼器位置等参数对其减振效果的影响,掌握了其影响规律,为颗粒阻尼器的设计提供了基础。

表 3-10　不同孔腔布置方式和孔腔数量时系统的最大阻尼比　（%）

孔腔布置方式	一阶	二阶	三阶
横向 3 孔	2.5	3.1	3.2
竖向 3 孔	2.3	2.8	3.5
横向 5 孔	3.2	4.3	4.0
竖向 5 孔	3.1	4.1	4.4

对带颗粒阻尼器的悬臂梁减振效果的研究得到以下几点结论。

① 颗粒阻尼是一种效果明显的被动阻尼技术,对于实验采用的悬臂梁模型,最佳状况下系统阻尼比增加到不附加颗粒阻尼时系统阻尼比的 492%。

② 颗粒阻尼的减振机理复杂,是一种典型的非线性阻尼,与振动幅值、颗粒填充率等参数之间均为非线性关系。

③ 颗粒阻尼器的减振效果受诸多参数影响,其中填充的颗粒材料、颗粒填充率、阻尼器位置对其效果影响较大。在工程应用中,颗粒阻尼参数的选取应遵从下列原则:首先,颗粒应尽量选择密度大的材料,如碳化钨、铅颗粒;其次,颗粒填充率可选择在 70% 左右;最后,阻尼器位置应设计在系统振幅较大的位置或在振幅较大位置布置适当大小的孔腔填入颗粒材料。

通过对带颗粒阻尼器平板结构的实验和分析,得出以下结论。

① 在平板结构上布置孔腔并添加颗粒,可使结构在各阶共振频率附近有效地提高系统阻尼比。

② 在不同的孔腔布置方式和颗粒填充材料下,系统的阻尼比在共振频率附近都随着激振力幅值增加而增加,但不是一种线性关系;在远离共振频率区域,系统阻尼比随激振力幅值的变化很小。

③ 在不同的孔腔布置方式和颗粒填充材料下,平板系统的阻尼比都随着颗粒填充率的增加而具有最优值。实验结果表明,在颗粒填充率为 70% 左右时系统的阻尼比到达最大值。

④ 孔腔布置方式和颗粒填充率相同时,系统的阻尼比随着填充颗粒密度的增加而增加。

⑤ 孔腔布置方式相同时,系统的阻尼比随着孔腔数量的增加而增加。

⑥ 颗粒填充率相同时,横向孔腔布置方式对弯曲振动的减振效果较好;竖向孔腔布置方式对扭转振动的减振效果较好。

⑦ 在高阶共振频率附近,系统的阻尼比随响应幅值的变化更明显。

上述实验结果,一方面,证明了颗粒阻尼器具有良好的减振效果,得到了各参数对减振效果的影响规律,并为其他带颗粒阻尼器结构实际的减振设计提供了参考;另一方面,为理论和数值计算结果正确性的验证提供了对比依据。

3.3.2 颗粒阻尼平板结构仿真分析

首先研究颗粒阻尼器对平板扭转振动的影响。这里对平板在自由端的中心位置施加大小为1N·m、频率为526Hz的扭矩,为比较系统阻尼比的变化,将一阶模态的阻尼比设为0.06。在未加颗粒的情况下,其参考点的加速度响应曲线如图3-42所示。从图中可以看出,加速度响应曲线是光滑的,且其频率与激振频率相吻合。通过振动的数据可以得出,在未加颗粒阻尼器的情况下,板模型在此激振力的作用下,其稳态加速度响应幅值为7900m/s²,并且可以看出,大致经历了10个振动周期后,系统的振动情况达到稳定状态。

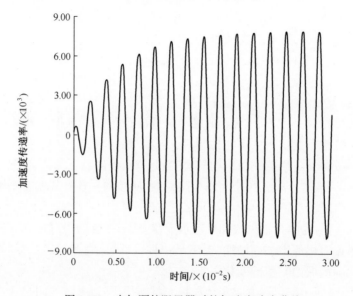

图3-42 未加颗粒阻尼器时的加速度响应曲线

在腔体中加入颗粒,腔体的位置与尺寸如前文所示,在振动开始前,首先要设定颗粒的数量及初始位置。颗粒初始位置如图3-43所示,在每个腔体中分别加入49颗、半径为1mm、密度为7800kg/m³的球形颗粒,且初始速度、加速度为零。在碰撞过程中,分别设其摩擦系数和弹性恢复系数为0.46和0.78。

颗粒阻尼器加装到板模型上之后,需要通过有限元-离散元耦合算法进行振动仿真,设定激振力为1N·m,频率为526Hz的扭矩,施加在板模型自由端的中心位置,得到稳态的加速度响应曲线,如图3-44所示,其稳定后的局部放大图如图3-45所示。由图中可以看到,振动经历了大致6个周期即达到了稳定状态,这也在一定程度上验证了颗粒阻尼器的减振效果。

78

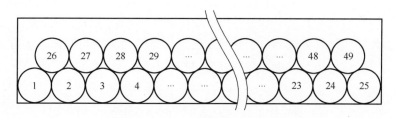

图 3-43　腔体中颗粒的初始位置

从图 3-44 中可见,在振动初始阶段,系统的加速度经历一小段的上下波动,因为在初始阶段颗粒与孔腔壁的碰撞过程(因为在设定颗粒初始位置时,下排颗粒直接与腔体壁接触,所以在振动的开始阶段即出现了碰撞现象)。在经历了短暂的碰撞后,系统的加速度响应曲线再次回到平滑的过程,这是因为经历了初始的连续碰撞,颗粒的速度超过了腔体壁参考点的速度,由腔体壁的一端向另一端运动。因此颗粒与腔体壁之间,在这个时间段内无碰撞现象发生。响应在达到稳定状态之前出现了较大的峰值,这是由步长的原因引起的,因为仿真中假设了在单个步长内,颗粒的加速度不变,但是在经历了初始连续碰撞后,颗粒拥有了一定大小的速度,在再次碰撞时,可能会因为颗粒与腔体壁位置的重叠量过大而引起加速度有较大的变化,但这并不会影响到之后稳定状态的加速度响应。

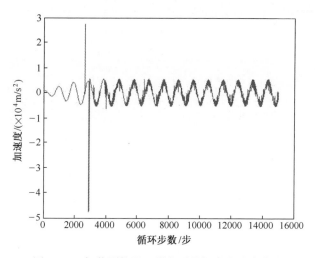

图 3-44　加装颗粒阻尼器之后的加速度响应曲线

从图 3-45 中可以看到出,稳定状态的加速度幅值下降为 $5333 \mathrm{m/s^2}$,较未加颗粒阻尼器之前,该激振力和频率下的稳态响应幅值下降了 32%。并且可以观察到,在稳定状态下颗粒与腔体壁的碰撞进入了稳定的状态,基本上在腔体一个方向运动时,颗粒与其另半部分腔体壁发生碰撞,提供与加速度方向相反的碰撞力,从而使加速度发生波动。当然偶尔会发生碰撞力方向与腔体运动方向相同的情况,但是这种情况发生的次数很少,对振动稳定状态的影响并不大。

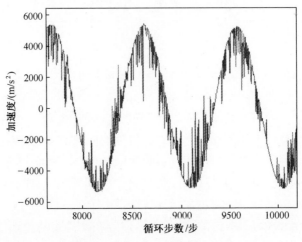

图 3-45 图 3-44 中局部放大图

加入颗粒阻尼器后的系统频谱如图 3-46 所示。从图中可以看出,在固有频率处有较大峰值,而其他频率下的峰值均很小。表明颗粒的碰撞使系统的频带很宽,是典型的脉冲所引起的噪声信号,系统的主要振动能量仍集中在固有频率附近。

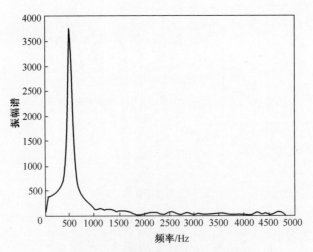

图 3-46 加入颗粒阻尼器后的系统频谱

利用同样的方法,可以得到幅值相同、施加位置相同、频率不同的激振力所对应的稳定状态下加速度的局部放大曲线,如图 3-47~图 3-52 所示。

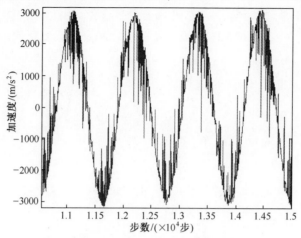

图 3-47　激振频率 445Hz 时的加速度稳态响应曲线

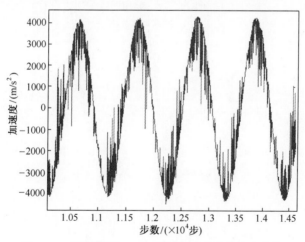

图 3-48　激振频率 465Hz 时的加速度稳态响应曲线

从各个频率所对应的稳态加速度响应曲线可以看出,整个振动的历程都大致相同,颗粒阻尼器能够在很宽的频带内起到减振的效果。

根据各个频率所对应的稳态加速度响应幅值,可以得到激振频率与加速度响应幅值的曲线如图 3-53 所示。由图中可以看出,加入颗粒阻尼器后,系统的固有频率降为 498Hz,比之前下降了 5% 左右。由此可以根据系统阻尼比的计算公式得出,在加装颗粒阻尼器后,系统的阻尼比变为 0.083。比加装颗粒阻尼器前升高了 42.2%。这充分表明了颗粒阻尼器的减振性能。

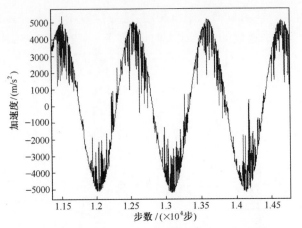

图 3-49　激振频率 475Hz 时的加速度稳态响应曲线

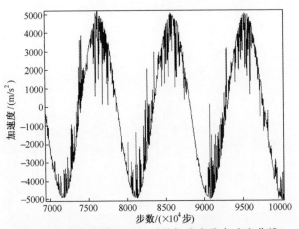

图 3-50　激振频率 530Hz 时的加速度稳态响应曲线

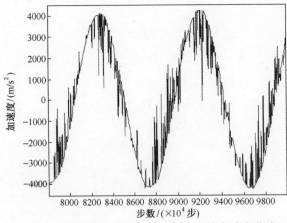

图 3-51　激振频率 550Hz 时的加速度稳态响应曲线

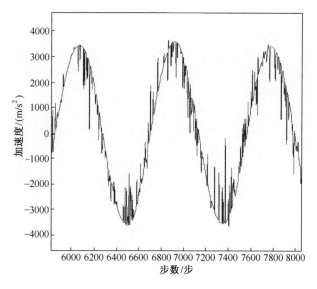

图 3-52　激振频率 590Hz 时的加速度稳态响应曲线

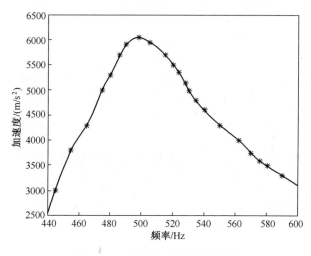

图 3-53　频率-加速度幅值曲线

1. 仿真方法与实验验证

下面将对带颗粒阻尼器的悬臂平板结构进行仿真计算,平板的几何尺寸、激振位置和拾振点位置均与 3.3.1 小节的实验状态相同,如图 3-54 所示。首先对实验结果与仿真结果进行比较以确认仿真算法的可行性,然后通过仿真计算研究各关键参数对结构减振效果的影响。研究的参数有孔腔数量和尺寸、孔腔位置、孔腔的布置方式、颗粒填充率、颗粒密度和激振力幅值等。

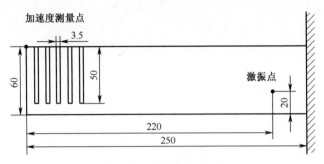

图 3-54　平板结构示意图

限于篇幅,在此只给出平板结构在振幅分别为 0.4N 和 1N 的简谐激振力作用下,带颗粒阻尼器与不带颗粒阻尼器两种状况时平板结构第一阶响应的仿真结果与实验结果关系,如图 3-55 所示。

带颗粒阻尼器时,颗粒填充率为 50%。可以看出,仿真结果和实验结果有很好的一致性,很好地说明了颗粒阻尼器在结构共振时有很好的减振效果,关于实验研究颗粒阻尼器的减振效果,前面已经有详细说明,这里不再叙述。这些说明本书所提出的仿真算法是可行、有效的,所选用的平板结构参数及颗粒参数是合理的。当然,实验与仿真的误差是难以避免的。其中颗粒的接触模型与实际情况的差别、接触条件的简化等都是导致仿真结果与实验结果存在误差的因素。

为了更直观、准确地比较实验与仿真结果,本书以后将对带颗粒阻尼器结构的响应均方根值进行比较。测点的响应均方根值越小,说明结构的振动幅值越小,则系统的阻尼比越大。

2. 参数对减振效果的影响

下面分别通过仿真算法研究颗粒填充率、颗粒密度、颗粒摩擦系数和弹性恢复系数、孔腔布置方式和孔腔数量对平板结构减振效果的影响。

1）颗粒填充率的影响

通过仿真分析研究颗粒填充率对平板结构减振效果的影响,颗粒阻尼器孔腔布置为竖向 5 孔,填充颗粒为 2mm 钢球,带颗粒阻尼器平板在振幅为 1.6N 的正弦激振力作用下的测点响应与颗粒填充率的关系如图 3-56 所示。从图中可以看出,颗粒填充率对平板结构的共振频率影响较小,其主要原因是不同颗粒填充率的颗粒阻尼对系统质量影响不大,同时不会影响系统刚度;在 70% 的颗粒填充率下,颗粒阻尼器的减振效果最好,这与实验结果有很好的一致性,进一步说明本书的仿真算法是可行的。

2）颗粒密度的影响

颗粒密度是影响颗粒阻尼器减振效果的重要因素。由于颗粒阻尼器一般采

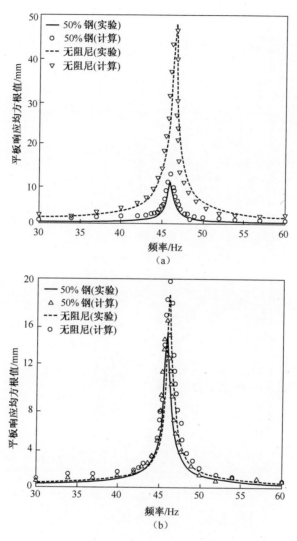

图 3-55　不同激振力下仿真与实验结果比较

(a)激振力幅值为 1N；(b)激振力幅值为 0.4N。

用金属颗粒,所以本书主要仿真分析密度在 $400 \sim 18000\text{kg}/\text{m}^3$ 之间的颗粒材料对减振效果的影响。正弦激振力振幅为 1.6N、孔腔布置为竖向 5 孔,平板结构测点响应与颗粒密度的关系如图 3-57 所示。从图中可以看出,在其他参数相同时,颗粒密度越大系统的减振效果越好;同时,仿真计算结果也表明,70%颗粒填充率时的颗粒阻尼器减振效果比 30%和 50%颗粒填充率时的减振效果要好。

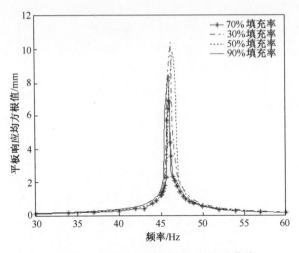

图 3-56　不同填充率时平板的频响曲线

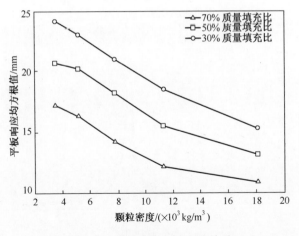

图 3-57　颗粒密度与响应的关系

3）颗粒摩擦系数和弹性恢复系数的影响

颗粒阻尼器主要是通过颗粒间以及颗粒与孔壁间的摩擦和碰撞来消耗系统的振动能量,所以摩擦系数和弹性恢复系数也是需要重点研究的参数。通过分析大量的仿真数据发现,在激振力幅值和颗粒填充率确定的情况下,摩擦系数和弹性恢复系数对平板结构有着相同的减振规律,限于篇幅,仅给出在正弦激振力振幅为 1.6N,填充颗粒为 2mm 钢球、孔腔布置为竖向 5 孔、颗粒填充率分别为 30% 和 70% 时,平板结构测点的响应与颗粒摩擦系数和弹性恢复系数的关系,如图 3-58 和图 3-59 所示。从图中可以看出,在颗粒填充率较小(30%)时,颗粒的摩擦系数对系统减振效果影响不大,在颗粒填充率较大(70%)时,对系统减振效果有比较明显的影响;颗粒的弹性恢复系数在颗粒填充率较小(30%)时,减振效果随着弹性恢复系数的增加而减小,当颗粒填充率较大(70%)时,弹性恢复系数对系统减振效果影响不明显。主要原因是当颗粒填充率较小,系统发生共振时,颗粒有较大的运动空间,颗粒间以及颗粒与孔壁间的相互碰撞是系统能量消耗的主要方式,故此时颗粒的弹性恢复系数对系统减振效果影响明显;而当颗粒填充率较大,系统发生共振时,系统振动能量的消耗主要以颗粒间的相互摩擦方式进行,故颗粒的摩擦系数对减振效果影响比较明显。

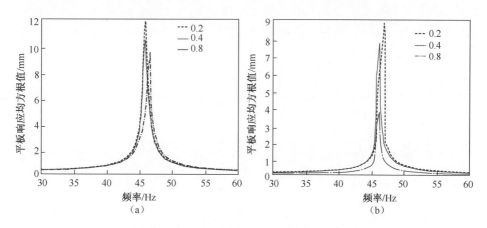

图 3-58　摩擦系数对平板结构响应的影响
(a)30%填充率;(b)70%填充率。

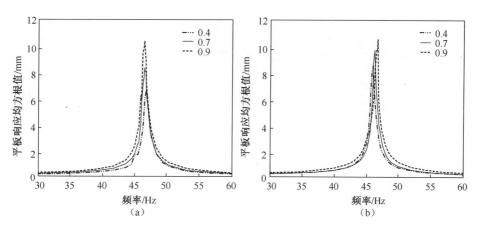

图 3-59　弹性恢复系数对平板结构响应的影响
(a)30%填充率;(b)70%填充率。

4) 孔腔参数的影响

研究了孔腔布置、孔腔数量和孔腔深度对平板结构响应的影响。在填充颗粒为直径 2mm 钢球、正弦激振力幅值为 1.6N、颗粒填充率为 70%，平板结构发生前 3 阶共振时，其测点的响应均方根值与孔腔布置方式、孔腔数量和孔腔深度之间的关系曲线如图 3-60~图 3-62 所示，从图中可以看出以下几点。

（1）孔腔布置方式相同，平板结构发生前 3 阶共振时，系统的减振效果随孔腔数量的增加而变得更好。

（2）孔腔布置方式和孔腔数量相同，平板结构发生一、二阶共振时系统的减振效果随孔腔深度的增加而变好。平板结构发生三阶共振时，系统的减振效果在孔腔深度为 45mm 时最好。这说明在选择颗粒阻尼器孔腔深度时要考虑具体振型的因素。

（3）孔腔深度和数量相同，平板结构发生前两阶弯曲振动时，横向孔腔布置方式的减振效果都更好。平板结构发生三阶扭转振动时，选择减振效果较好的孔腔布置方式还要考虑孔腔的深度。

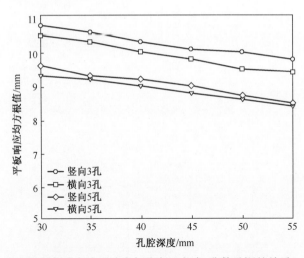

图 3-60　不同打孔方式下响应与孔布置方式、孔数及深的关系(一阶)

3. 颗粒能量传递特性及运动规律

颗粒阻尼属于被动阻尼，是通过直接消除、转化系统的部分振动能量来达到减振目的的。被动阻尼技术消除系统振动能量的途径有两种：一种途径是在主结构系统上增加辅助系统，通过将主系统的能量转移至辅助系统达到对主系统减振的目的，如动力吸振器就是依据此原理工作的，在颗粒阻尼器中也存在这种减振机理，当颗粒与孔壁接触碰撞时，孔壁将主系统的部分动能转移至颗粒，从而使得主系统动能减少，振动减弱；另一种途径是以热量或声的方式将振动能量

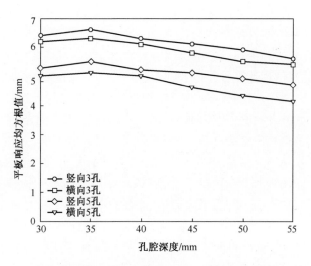

图 3-61 不同打孔方式下响应与布置方式、孔数及孔深的关系(二阶)

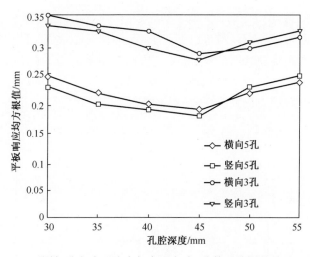

图 3-62 不同打孔方式下响应与布置方式、孔数及孔深的关系(三阶)

直接消耗掉,黏弹性或黏性阻尼以及摩擦阻尼均通过该机理消耗能量,在颗粒阻尼器中同样存在这种减振机理,当颗粒之间以及颗粒与孔壁之间有相对运动时通过摩擦消耗能量,同时由于颗粒之间以及颗粒与孔壁之间的碰撞是非完全弹性碰撞,所以碰撞时也有部分能量转化成热能被消耗掉。

颗粒阻尼减振的耗能也可划分为内部耗能和外部耗能两种形式,颗粒与孔壁之间的冲击、摩擦的耗能属外部耗能,而颗粒与颗粒之间的冲击、摩擦的耗能属内部耗能。各种形式耗能的多少取决于系统的各种参数配置。例如,振动水平较低时,颗粒的动能不足以使之跳起与其他颗粒和孔壁发生碰撞冲击,此时的耗能主要是靠颗粒间以及颗粒与孔壁之间的摩擦;而在振动水平较高时,颗粒间以及颗粒与孔腔的冲击耗能所占比例将会增加。

本节将通过仿真计算研究在激励作用下平板结构与颗粒之间的动能传递以及颗粒的运动问题。以图 3-54 所示结构为研究对象进行计算,激振点、激振方向保持不变,激振力幅值分别为 1N、0.8N、0.4N,分别以 0.1Hz 的步长进行扫频仿真(由前面的理论和实验分析得知,一阶共振频率小于 50Hz,故扫频的上限为 50Hz),获得各频率下测点的稳定响应幅值。以最大响应幅值对应的频率为激振力频率进行激励,由于系统的非线性,该频率随激振力幅值改变而略有改变(系统的阻尼比随激振力幅值增大而增加,导致共振频率略有减小),因此针对以上 3 种激励幅值得到 3 个激振频率 47.1Hz、46.8Hz、46.7Hz。颗粒填充率取70%,填充颗粒为等直径的钢球颗粒,直径为 2mm,孔径为 3.5mm。计算在各种激励下所有颗粒(颗粒个数为个 103 个)的动能和随时间的变化,其结果如图3-63所示。从该图可以看出,在各种激振力作用下,所有颗粒的总动能随着时间的增加由零迅速增加,并很快趋于稳定。这是由于开始时所有颗粒处于静止状态,随着时间延长,所有颗粒运动起来,并且由于激励稳定,颗粒的动能之和也趋于稳定,此时系统的耗能是稳定的;还可以看出随着激励的幅值增大,稳定的颗粒动能之和也增大,说明各颗粒的速度增加,这样颗粒之间以及颗粒与孔壁之间的碰撞力大、摩擦力也大,最终消耗系统的能量变多。

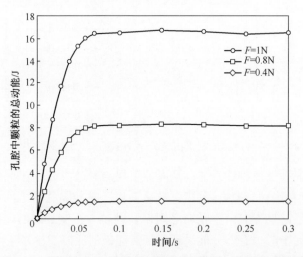

图 3-63 不同激振力下孔腔中颗粒总动能随时间的变化关系

下面仿真分析颗粒阻尼器孔腔中颗粒的运动情况。在正弦激振力幅值为

1N、频率为 47.1Hz 时,颗粒阻尼器中最外的孔腔中的某一个颗粒相对于平板结构的运动如图 3-64 所示,其中黑色三角形为颗粒中心运动起点,黑色圆点为颗粒中心运动终点。图中以孔腔底面中心为坐标原点,激振力方向为 x 轴,孔腔轴线为 z 轴,由右手定律确定 y 轴,坐标系固连于平板。从图中可以看出,颗粒的运动比较混乱,很像分子的布朗运动,但运动的区域性比较明显,在 x 轴方向——激振力方向的运动活跃达到运动界限,与孔壁发生了碰撞,在垂直于 x 向的径向——y 方向运动范围较小,在孔的轴线方向运动也很不活跃;还可以看出,颗粒运动中运动轨迹边界部位有很多折点,这些折点与碰撞相对应。显然,尽管颗粒运动过程复杂,但运动的区域性明显,其运动主要发生在激振力方向上。

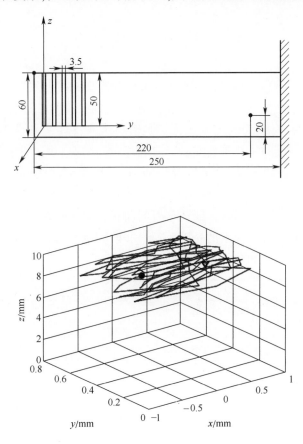

图 3-64　孔腔中某个颗粒的位移曲线

在总结大量仿真数据的基础上,得到以下结论。

（1）仿真结果与实验结果具有很好的一致性,说明本书针对带颗粒阻尼器结构提出的有限元-离散元耦合算法是可行、有效的方法。

（2）颗粒阻尼的减振机理复杂，是一种典型的非线性阻尼，与振动幅值、颗粒填充率、孔腔深度等参数之间均为非线性关系。

（3）其他参数相同，当颗粒填充率为70%左右时，系统的减振效果最好。

（4）其他参数相同，增大填充颗粒的密度可有效地提高系统在各阶共振时的减振效果。

（5）其他参数相同，颗粒填充率较大（70%左右）时，颗粒的摩擦系数对系统减振效果影响明显；颗粒填充率较小（30%左右）时，颗粒的弹性恢复系数对系统减振效果影响明显。

（6）孔腔深度和数量等参数的选取要综合考虑对各阶减振效果的影响。

3.4　旋转平板振动特性

下面主要对带颗粒阻尼器的平板在旋转状态下的减振效果进行仿真。为研究孔洞位置对振动特性的影响，分竖向打孔和横向打孔两种情况，而竖向打孔又分3组位置——A组、B组、C组。无论是横向还是竖向，每组都是打3个孔，孔洞的几何参数和相对位置见前文。竖向A组的位置是：中间孔腔轴线距固定端分别为220mm；竖向B、C组的位置分别是：中间孔腔轴线距离固定端分别为120mm和60mm。各种布置的颗粒阻尼器填充率均为70%，填充颗粒为2mm钢球，正弦激振力幅值为0.8N。旋转平板的固有频率随转速改变而改变，本书激振力的频率分别为各转速下的一阶、二阶、三阶固有频率，旋转叶片在激振力作用下的响应曲线分别如图3-65~图3-67所示。

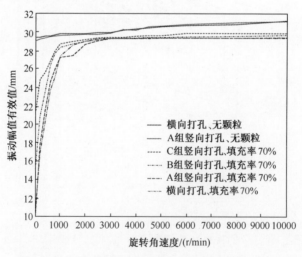

图3-65　叶片旋转状态下响应与转速的关系（一阶）

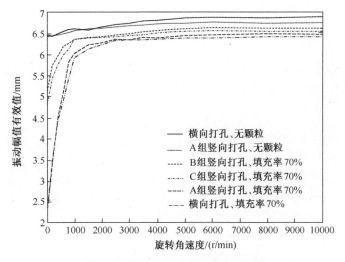

图 3-66 叶片旋转状态下响应与转速的关系(二阶)

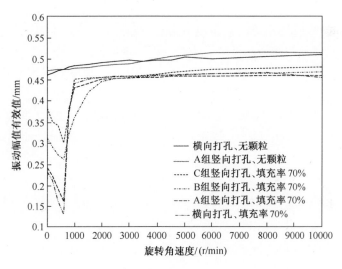

图 3-67 叶片旋转状态下响应与转速的关系(三阶)

从图 3-65~图 3-67 中可以看出,平板一、二阶响应在转速较低时较小,但随着转速的增加而增加,在转速达到一定值时转速对响应的影响趋于稳定,其原因是:在转速低时颗粒受到的离心力小,颗粒发生积聚后彼此之间压力还小、约束小,颗粒从孔壁获得动能尚能在聚积的颗粒堆中运动,并与其他颗粒碰撞、摩擦,使得更多颗粒运动起来,再通过碰撞、摩擦消耗掉动能,然而随着转速的提高,由于离心力变大,颗粒之间的压紧力增加,颗粒之间的约束增加,与孔壁直接接触的颗粒获得的动能减少,颗粒之间的碰撞和动能的传递减少,有相对运动的颗粒减少,因此在耗能机制中碰撞耗能大幅减少,同时有相对运动的颗粒数量减少,摩擦消耗也减少,故此表现出的阻尼减少,振动响应变大;在转速达到一定值时,颗粒在较大离心力作用下聚积在一起,颗粒的约束大,颗粒之间几乎无碰撞,颗粒与旋转板的相对速度接近 0,当结构在激励下发生弹性变形时颗粒之间发生位移和摩擦,从而消耗能量,此时耗能量与转速关系很小,由于颗粒之间摩擦耗能大于结构内耗能,因此仍表现出比结构本身大的阻尼。

从图中还可看出,平板的第三阶响应曲线随转速的增加先减小后增加,然后趋于平稳,其原因可能是叶片在三阶共振时系统的能量主要依靠颗粒及颗粒与孔壁间的摩擦消耗掉,随着转速由零逐渐增大,离心力使颗粒间的相互作用力增加,颗粒之间的摩擦作用更加明显,但随着转速的进一步加大,巨大的离心力使得颗粒间的相互运动很小,系统的能量消耗也随之降低。从图 3-65~图 3-67还可看出,各种不同的颗粒阻尼器布置对各阶振动的抑制规律基本一致,即在转速较低时抑制效果好,随着转速提高,抑制效果迅速减弱,在转速达到一定值时趋于稳定,基本不随转速提高而改变,但在各种转速下抑制效果有所不同。总体来说,横向布置颗粒阻尼器的减振效果相对较好。

接着讨论颗粒阻尼器中颗粒的相对平板运动的总动能变化特性。旋转平板的固有频率随转速改变而改变,在此施加的激振力的频率分别为各转速下的第一阶固有频率,颗粒阻尼器填充率、颗粒同前,打孔方式为竖向 A 组 3 孔,正弦激振力幅值分别为 1N、0.8N、0.4N。颗粒的总动能随旋转速度的关系如图 3-68所示。从图中可以看出,随着转速提高,相对于叶片运动的总动能迅速降低,在

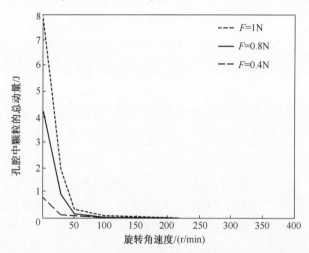

图 3-68　不同激振力下孔腔中颗粒总动量随时间的变化关系

200r/min 左右几乎降为 0,其原因是:转速提高颗粒在离心力作用下向外运动,与其他颗粒、孔壁紧靠在一起,叶片的振动难以激起颗粒振动,此时叶片几乎不能向颗粒传递动能,振动能量的耗散靠叶片的内阻尼以及叶片弹性变形引起的颗粒摩擦。还可看出,同样转速下,较大的激振力幅值下颗粒相对于叶片运动的总动能较大,因此相对而言耗能较多,表现出来的阻尼比较大,这与前面分析所得结论是一致的。

3.5 颗粒阻尼器设计方法

在总结对带颗粒阻尼器结构所进行的大量实验和仿真数据,并对之分析的基础上,可得到颗粒阻尼器的设计步骤如下。

(1) 首先通过有限元方法对结构上布置颗粒阻尼器的可行性进行分析。需要考虑结构布置颗粒阻尼器后的刚度、强度和应力集中等因素。

(2) 然后利用有限元方法研究结构的固有振动特性,并确定需要重点减振的频段,分析在此频段内结构的各阶振型。

(3) 针对各阶振型的特点设计合理的孔腔布置方式。对于弯曲振动采用布置横向的颗粒阻尼器;对于扭转振动布置采用竖向的颗粒阻尼器。

(4) 选择颗粒阻尼器中填充的颗粒。优先选用密度大的颗粒,在此基础上尽量选择摩擦系数和弹性恢复系数大的颗粒。

(5) 针对确定了布置方式的带颗粒阻尼器结构进行仿真计算,确定最佳颗粒填充率,一般应在 70% 左右。

(6) 最后通过仿真计算得到最佳的孔腔结构特征(孔腔大小、数量、长度等)。

(7) 对带颗粒阻尼器结构进行实验验证,最终确定设计方案。

本章首先对带单颗粒阻尼器结构进行仿真与实验研究,确定颗粒的接触参数和摩擦系数等参数;然后针对带颗粒阻尼器的平板结构进行仿真研究,在利用实验结果进行验证的基础上,通过仿真计算研究了颗粒材料、颗粒填充率、孔腔布置等参数对其减振效果的影响;分析了颗粒阻尼器的能量传递特性;最后总结出颗粒阻尼器的设计步骤。

参 考 文 献

[1] Burns S J, Hanley K J. Establishing stable time-steps for DEM simulations of non-collinear planar collisions with linear contact laws[J]. International Journal for Numerical Methods in Engineering, 2017, 110(2):

186-200.

［2］ Zhao T. Introduction to discrete element method［M］// Coupled DEM-CFD Analyses of Landslide-Induced Debris Flows. Singapore：Springer，2017.

［3］ Liu X，Lanhao Z，Jia M，et al. Discrete element method based on distance potential［J］.Chinese Journal of Rock Mechanics and Engineering，2017，36(6)：156-168.

［4］ Mitsufuji K，Nambu M，Miyasaka F. Numerical analysis of FSW employing discrete element method［M］// Friction Stir Welding and Processing IX. Berlin：Springer International Publishing，2017.

［5］ Li Z，Tong X. Applications of the discrete element method and Fibonacci sequence on a banana screen［J］. Journal of Engineering，Design and Technology，2017，15(1)：2-12.

［6］ 侯俊杰，樊艳芳，王一波．适应于集群风电送出线的参数识别时域距离保护研究［J］.电力系统保护与控制，2018，31(3)：27-33.

［7］ 罗勇，祁朋伟，阚英哲，等．基于模拟退火算法的锂电池模型参数辨识［J］.汽车工程，2018，40(12)：46-53.

［8］ 吴华明．车辆液压减振器阻尼特性演变规律及其参数在线辨识方法研究［D］.成都：西南交通大学，2018.

［9］ 刘巧斌，史文库，陈志勇，等．工程车辆车桥位移谱统计分布建模及分步参数识别［J］.农业工程学报，2018，34(23)：75-83.

［10］ 刘璇，王立欣，吕超，等．锂离子电池建模与参数识别［J］.电源学报，2018，23(2)：156-162.

［11］ 李松，杨诗怡，张峰峰，等．基于遗传算法与最小最大优化方法的六自由度放疗床参数辨识方法［J］.中国机械工程，2018，29(1)：57-62.

［12］ 张乐，续丹，王斌，等．采用权值配比优化的超级电容等效电路模型参数辨识［J］.西安交通大学学报，2018，46(5)：144-152.

［13］ 王琪，田石柱，贾红星．基于Bouc-Wen本构对桥墩滞回参数识别的研究［J］.苏州科技大学学报：工程技术版，2018，31(1)：15-20.

［14］ 朱坚民，周亚南，何丹丹，等．基于神经网络建模的机床滑动结合面动态特性参数识别［J］.振动与冲击，2018，12(7)：109-115.

［15］ 杨春雨，李恒，车志远．煤矿双电机驱动带式输送机的能耗建模与参数辨识［J］.控制理论与应用，2018，54(3)：335-341.

［16］ 石建飞，戈宝军，吕艳玲，等．永磁同步电机在线参数辨识方法研究［J］.电机与控制学报，2018，21(2)：74-82.

［17］ 齐浩然，齐晓慧，杨森．一种改进的四旋翼无人机频域参数辨识方法［J］.电光与控制，2018，25(2)：38-41.

［18］ 丁娣，车竞，钱炜祺，等．基于H∞算法的飞机机翼结冰气动参数辨识［J］.航空学报，2018，39(3)：1-10.

［19］ 曹亮，房鑫炎，罗文斌．船舶岸电系统中变频电源控制参数辨识方法［J］.电力自动化设备，2019，39(1)：167-173.

［20］ 鲁正，张泽楠，廖元．颗粒阻尼器随机控制研究［J］.地震工程与工程振动，2018，38(4)：18-22.

［21］ 程亦婷，杨啟梁，胡溧．阻塞性活塞式颗粒阻尼器阻尼特性研究［J］.现代制造工程，2019，32(1)：36-42.

［22］ Lei X. Investigating the optimal damping performance of a composite dynamic vibration absorber with

Particle damping[J]. Journal of Vibration Engineering & Technologies,2019,13(2):1-9.

[23] Yunfeng Z,Heng L. Experimental study of vibration mitigation of mast arm signal structures with particle-
thrust damping based tuned mass damper[J]. Earthquake Engineering and Engineering Vibration,2019,18
(1):222-234.

第4章 被动颗粒阻尼技术

颗粒阻尼技术最早是以被动颗粒阻尼技术出现,大量学者对被动颗粒阻尼技术的耗能机理[1-2]、仿真算法[3]和结构形式[4]等开展了研究。本章主要研究被动颗粒阻尼技术的工程应用。

4.1 被动颗粒阻尼技术在航天装备支架结构减振中的应用

中国航天依托航天高技术优势,在激光装备、智能机器人、智能传感器等产品领域取得了重大突破[5],已经形成涵盖光电子器件、系列激光器、特种激光应用装备在内的激光装备全产业链[6-7]。目前中国航天以新材料与先进工艺技术及应用为着力点,正在构建新一代材料与工艺装备体系,增强装备制造核心竞争力。当前的航空装备向数字化、网络化、智能化方向发展[8-10]。在应急救援装备、重工装备、能源装备、环保装备等多个领域打造具有中国自主知识产权的产品体系,形成核心能力。

航天装备的振动噪声性能是衡量其品质的重要参数之一,本节以某航天装备支架结构为研究对象,对其开展颗粒阻尼减振应用研究。

4.1.1 某航天装备支架结构

1. 某航天装备支架结构组成

某航天装备由低速组件、连接支架和高速组件构成,该装备通过低速组件地面安装。低速组件与连接支架之间用 6 个 M8 螺钉连接,高速组件与连接支架之间用 4 个 M8 螺钉连接,如图 4-1 所示,在振动的传递路径即连接支架上安装颗粒阻尼器,使振动由装备底面经低速组件传递给高速组件衰减。

高速组件及连接支架组合体坐标系定义:坐标系原点为连接支架端面与高速组件连接柱面的圆心位置,连接柱面轴线为 y 方向的正方向,连接支架安装底面法线方向为 z 的正方向,如图 4-2 所示。高速组件质量为 6.1kg,连接支架质量为 1.012kg。

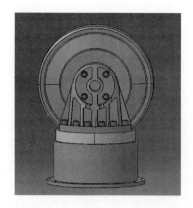

图 4-1　装备结构示意图

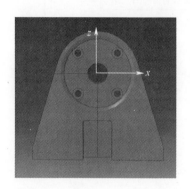

图 4-2　支架结构坐标系示意图

2. 支架结构颗粒阻尼减振方案

研究对象由低速组件、连接支架和高速组件组成,其中低速组件和高速组件内部结构非常复杂,给计算分析带来很大难度。航天装备支架结构颗粒阻尼技术减振方案如图 4-3 所示。

考虑到激励由低速组件经由连接支架传递给高速组件,附加在连接支架上的颗粒阻尼器对低速组件的振动影响很小。因而,不考虑对低速组件振动的影响,激励直接加在连接支架的底部。对于高速组件,根据实际结构的质量属性和转动惯量设计等效的模拟转子,在仿真分析和实验时,均用模拟转子代替实际的高速组件。

首先仿真计算航天装备支架结构的固有振动特性和基础激励下的响应特性;然后设计颗粒阻尼器;最后通过振动实验研究颗粒阻尼器的若干参数对减振效果的影响。

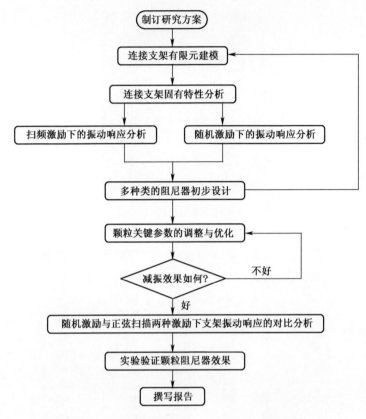

图 4-3 支架结构颗粒阻尼技术减振方案框图

4.1.2 支架结构固有特性分析及颗粒阻尼器设计

1. 支架结构固有特性分析

在 ABAQUS 中创建图 4-4 所示的航天装备支架结构 CAE 模型。首先根据二维图纸,创建连接支架和高速组件的实体模型;分别给连接支架和高速组件赋予材料属性,材料为 2A12 铝合金,密度为 2700kg/m³,弹性模量为 71000MPa,泊松比为 0.3;装配关系为高速组件的端面和连接支架的端面接触;建立约束,在螺栓孔处分别剖分出 4 个 φ14mm 的圆,高速组件的端面与其用约束连接;连接支架底面全约束;单元类型选择 C3D10M,通用单元尺寸为 3.8mm,螺栓孔处局部加密。连接支架和高速组件的单元总数分别为 74669 个和 93777 个。

计算连接支架结构 2000Hz 以内的模态频率及振型描述如表 4-1 所列,振型如图 4-5~图 4-10 所示。

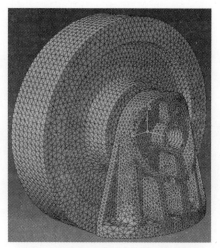

图 4-4　连接支架结构的有限元模型

表 4-1　前 6 阶固有频率

阶数	1	2	3	4	5	6
频率/Hz	234.52	286.31	645.54	820.36	1258.3	1580.1
振型描述	yz 平面内弯曲	垂直于 xy 平面扭转	xz 平面内弯曲	yz 平面内弯曲	高速组件局部变形	高速组件局部变形

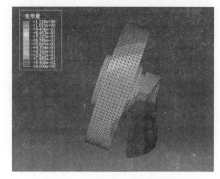

图 4-5　支架结构一阶模态

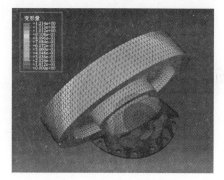

图 4-6　支架结构二阶模态

2. 支架结构颗粒阻尼器布置方案

由模态结果及支架空间特点,设计用于航天装备支架结构减振的颗粒阻尼器。支架第一、二阶振型分别为弯曲和扭转振型,即低阶振型中支架上端部位移相对较大,故确定阻尼器安装位置为支架上端部槽内,如图 4-11 所示。将阻尼器形状设计成与支架结构槽形状相吻合,以便安装和填充更多的颗粒,提高颗粒与支架结构的质量比。为避免颗粒阻尼器中颗粒在重力作用下聚集在一起使其运动受到阻塞,影响其减振效果,将阻尼器分隔成多个小腔,如图 4-12 所示。颗粒阻尼器材料为铝,采用线切割方法加工。

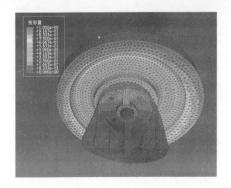
图 4-7　支架结构三阶模态

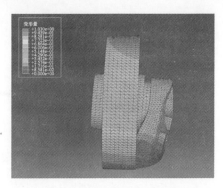
图 4-8　支架结构四阶模态

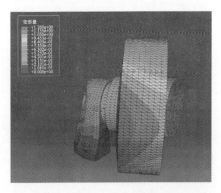
图 4-9　支架结构五阶模态

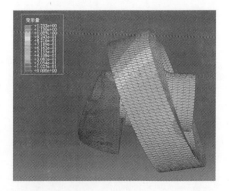
图 4-10　支架结构六阶模态

图 4-11　颗粒阻尼器安装位置

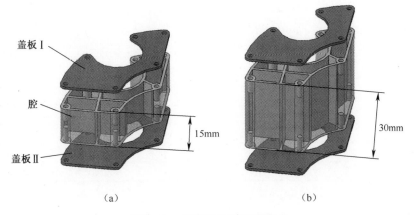

（a）　　　　　　　　　　　　　　（b）

图 4-12　颗粒阻尼器结构形式

每个颗粒阻尼器的截面积为 407.2mm²，深度为 15mm，体积为 6.108cm³。颗粒材料选用碳化钨颗粒，碳化钨密度为 14.5g/cm³，颗粒阻尼器的填充率为 70%，即碳化钨颗粒的质量为 62g。颗粒阻尼器自身质量为 7.8g，则一个填充 70%颗粒的颗粒阻尼器总质量为 69.8g。

4.1.3　支架结构颗粒阻尼减振性能

1. 实验激励条件

采用图 4-13 所示的电磁激振台激振，激励信号分别采用正弦和随机信号。其中，正弦扫频激励的频带为 20~2000Hz，加速度幅值为 9.8m/s²，扫频时间为 2min，如表 4-2 所列；随机激励的加速度均方根为 79.38m/s²，加载时间为 1min，其功率谱密度变化规律如表 4-3 和图 4-14 所示。

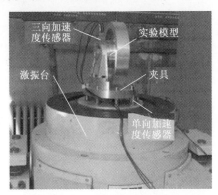

图 4-13　支架结构实验装置

实验中，振动台沿着支架 z 方向加载。支架顶部布置三向加速度传感器；激振台台面上布置单向加速度传感器以监测振动台垂向的振动输入。实验装置及传感器布置如图 4-13 所示。每种工况下均进行 3 次实验,对所测 3 次实验的结果进行平均作为每种工况下的实验结果。

表 4-2　正弦扫频实验条件

频　域	20~2000Hz
振动幅值	$1\text{m}/\text{s}^2$
加载方向	x、y、z
扫频时间	2min
控制点	尽量靠近轴中心

表 4-3　随机振动实验条件

频率范围/Hz	功率谱密度/(g^2/Hz)
10~100	+3dB/OCT
100~600	0.08
600~2000	-9dB/OCT
均方根加速度	$8.1\text{m}/\text{s}^2(\text{RMS})$
加载时间	1min
加载方向	x、y、z

由随机振动实验条件,得到图 4-14 所示的功率谱密度(PSD)函数曲线。

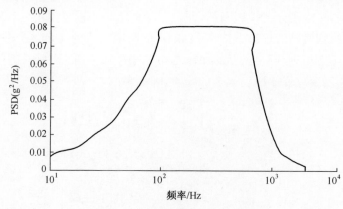

图 4-14　功率谱密度(PSD)曲线

2. 实验结果及分析

通过对航天装备支架结构的扫频实验,可得到其在 0~2000Hz 内的主要共振频率为 239.0Hz、1 173.3Hz 和 1568.4Hz,分别对应着模态分析结果中的一、五、六阶固有频率。其中一阶固有频率的计算值与测试值的偏差只有 1.89%,由此验证了支架结构有限元仿真分析结果的有效性。

不同激振力频率下,激振台的输出能量有波动,特别是在共振峰附近差别较大(从振动台面上布置的加速度传感器输出的信号可以看出),故在此不直接考察支架上测点共振峰处响应大小和整个振动过程中加速度均方根大小,而采用传递函数(支架测点响应/振动台测点响应)和测点与激振台加速度均方根之比来表征结构振动的衰减特性。由于 z 向激振时,x 向响应相对于 y、z 向很小,故只对测点在 y、z 向振动测试的结果进行分析。

1) 共振峰处加速度响应的传递函数

图 4-15 所示为两种激励条件下原始结构的测点振动加速度传递函数图(附加颗粒阻尼器后传递函数的规律不变,共振峰值有差别)。表 4-4 和表 4-5 列出了各种实验方案下,两种激励测点共振峰处响应的传递函数值及减振效果评价[(原始结构响应值-带阻尼器结构响应值)/原始结构响应值]。

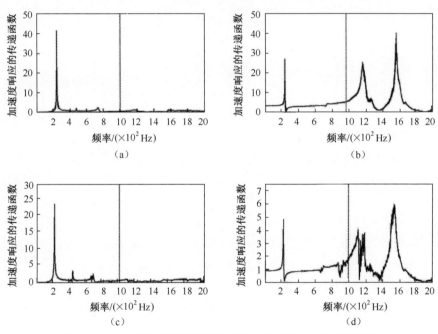

图 4-15 扫频及随机激励原始结构测点加速度响应的传递函数

(a)扫频 y 向传递函数;(b)扫频 z 向传递函数;(c)随机 y 向传递函数;(d)随机 z 向传递函数。

从表 4-4 和表 4-5 中可以发现以下规律。

(1) 在正弦扫频和随机激励条件下,基于支架结构测点共振峰处传递函数衡量其减振效果的差别明显。

(2) 尽管采用相同采样频率,但扫频激励下支架结构传递函数曲线更光滑,相对而言其振动能量更集中于共振峰处。

表 4-4　扫频激励测点加速度响应共振峰值处传递函数值及减振效果

实验方案	y 向响应				z 向响应			
	239.0Hz 附近		239.0Hz 附近		1173.3Hz 附近		1568.4Hz 附近	
	传递函数	减振效果	传递函数	减振效果	传递函数	减振效果	传递函数	减振效果
原始结构	40.785	—	26.925	—	25.026	—	37.820	—
50%碳化钨	35.928	11.91%	6.655	78.28%	10.939	56.29%	8.468	77.61%
70%碳化钨	31.577	22.58%	6.090	77.38%	10.211	59.49%	8.228	78.24%
90%碳化钨	30.841	24.38%	6.568	75.61%	11.138	55.49%	8.472	77.60%
70%铅粒	36.111	11.46%	7.724	71.31%	11.170	55.37%	7.196	80.97%

表 4-5　随机激励测点加速度响应共振峰值处传递函数值及减振效果

实验方案	y 向响应				z 向响应			
	239.0Hz 附近		239.0Hz 附近		1173.3Hz 附近		1568.4Hz 附近	
	传递函数	减振效果	传递函数	减振效果	传递函数	减振效果	传递函数	减振效果
原始结构	25.182	—	5.775	—	4.340	—	6.098	—
50%碳化钨	23.103	8.26%	5.071	12.19%	4.117	5.14%	6.445	-5.69%
70%碳化钨	24.594	2.34%	5.316	7.95%	4.929	-13.57%	5.707	6.41%
90%碳化钨	26.989	-7.18%	5.430	5.97%	14.236	2.40%	6.368	-4.43%
70%铅粒	24.119	4.22%	5.394	6.60%	4.885	-12.56%	6.250	-2.49%

（3）两种激励条件下,颗粒阻尼器的最佳颗粒填充率不同。例如,z 向振动,采用扫频激励时,70%填充率的减振效果最好,而随机激励时 50%填充率的减振效果最好;同时不同振动方向最佳颗粒填充率也不同,如扫频激励下 y 、z 向最佳填充率分别为 90%和 70%。

（4）扫频激励下,支架结构附加颗粒阻尼器后共振峰处的传递函数较原始支架结构降低显著。70%的碳化钨填充率时,支架结构 z 向振动中 3 个共振峰值处的减振效果分别为 77.38 %、59.49 %和 78.24 %。

（5）随机激励下,支架结构附加颗粒阻尼器后有一定减振效果,50%碳化钨填充率时 z 向振动中共振峰 1 处的减振效果为 12.19%。峰值 2 和峰值 3 处没有表现明显的减振规律,主要是随机激励能量集中于 100～600Hz,超过 1000Hz 激励能量很小,实验误差较大,故随机激励下主要看峰值 1 处的响应值。

（6）两种激励条件下,相同填充率的碳化钨结构 z 向减振效果均优于铅粒,说明增加颗粒密度有利于提高颗粒阻尼支架结构的减振效果。

2）支架结构振动特性分析

本书用均方根值来评价支架结构振动的能量水平。由于扫频和随机激励下激振能量的不同,故采用测点与激振台加速度均方根之比对颗粒阻尼支架结构的振动减振效果进行评价。

表4-6列出了各种实验方案下,两种激励条件下加速度均方根之比(表中用Ra表示)及减振效果[(原始结构 Ra-带颗粒阻尼器结构 Ra)/原始结构 Ra]。

表4-6　扫频和随机激励测点响应加速度均方根值及减振效果

| 实验方案 | y 向响应 | | | | z 向响应 | | | |
| | 扫频激励 | | 随机激励 | | 扫频激励 | | 随机激励 | |
	Ra	减振效果	Ra	减振效果	Ra	减振效果	Ra	减振效果
原始结构	2.262	——	2.444	——	4.995	——	1.435	——
50%碳化钨	2.239	1.02%	2.417	1.08%	1.620	67.57%	1.335	6.99%
70%碳化钨	2.122	6.19%	2.440	0.13%	1.479	70.39%	1.353	5.72%
90%碳化钨	2.040	9.81%	2.463	-0.78%	1.589	68.19%	1.370	4.55%
70%铅粒	2.218	1.95%	2.425	0.68%	1.670	66.57%	1.372	4.43%

分析表4-6中数据可以发现,正弦扫频和随机激励条件下,基于测点加速度响应均方根之比的颗粒阻尼支架结构减振效果评价差别明显,且减振效果的排列顺序也明显不同。扫频激励下,支架结构附加颗粒阻尼器后均方根之比较原始结构显著降低,70%的碳化钨填充率时颗粒阻尼支架结构 z 向减振效果为70.39%。随机激励下,支架结构附加颗粒阻尼器后有一定的减振效果,50%的碳化钨填充率时颗粒阻尼支架结构 z 向减振效果为6.99%。对于 y 向振动,增大颗粒填充率,扫频时的减振效果变好,而随机激励时的减振效果则变差。支架结构同共振峰值处传递函数的减振规律,对于 z 向振动,扫频和随机激励最佳颗粒填充率分别为70%和50%,增大颗粒密度有利于提高减振效果。对航天装备支架结构,两种激励下测点与激振台加速度均方根之比和共振峰值处传递函数的减振效果,均是 z 向明显好于 y 向。

通过上述实验可见,用共振峰处传递函数和加速度均方根之比两种指标评价正弦扫频和随机激励下颗粒阻尼器的减振效果,其具体数据和减振效果顺序均差别明显。正弦扫频条件下颗粒阻尼器的减振规律不能推广至随机激励;反之亦然。颗粒阻尼器是依靠颗粒与腔壁、颗粒间的碰撞和摩擦消耗能量,进而达到减振的目的。当运动的颗粒与支架结构碰撞后,支架结构受到的碰撞力与其运动方向相反时,支架结构振动将被抑制;而支架结构受到的碰撞力与其运动方向相同时,支架结构振动将被放大,实际中这两种情况都可存在。例如,当运动的颗粒与支架结构上的预期碰撞点的速度方向相反时,可产生面对面碰撞,或者颗粒与预期碰撞点的速度同向,但颗粒的速度小于预期碰撞点的速度。这两种情况对应的碰撞,支架结构受到的碰撞力与其运动方向相反,支架结构振动将被抑制;如果颗粒与支架结构上的预期碰撞点速度同向,且颗粒的速度大于预期碰撞点的速度,即碰撞时颗粒追赶结构,此时支架结构受到的碰撞力与其运动方向相同,支架结构振动将被放大。正弦扫频时,支架结构在任一时刻只受到单一频率的激振,通常颗粒运动滞后于支架结构振动,支架结构受到碰撞力与其运动方向相反,进而产生抑制振动作用。而随机激励下,支架结构同时受到多频率、多相位的激励力,颗粒不可能对所有随机激励频率均产生像扫频激励环境中那样的运动,即对某些频率的振动可能有抑制效果,而对某些频率的振动会起到增强的作用。因此,随机激励下颗粒阻尼器的减振效果明显低于正弦扫频。

3)参数对颗粒阻尼支架结构振动特性的影响

填充率、颗粒材料、颗粒阻尼器尺寸和颗粒阻尼器个数等主要颗粒阻尼器参数对支架结构的振动响应影响如图4-16~图4-19所示。从图4-16~图4-19中可以看出以下几点。

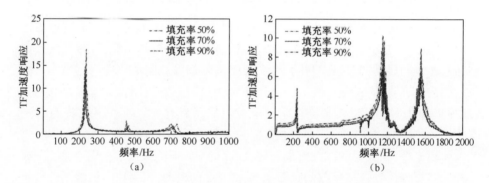

图4-16 不同填充率时支架结构响应振动传递函数

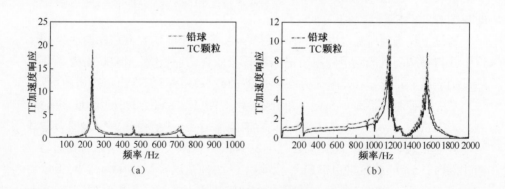

图4-17 不同填充材料时支架结构响应振动传递函数

108

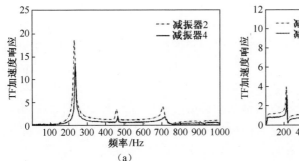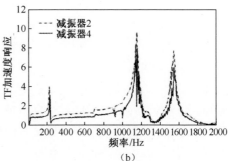

(a)   (b)

图 4-18 不同颗粒阻尼器数量时支架结构响应振动传递函数

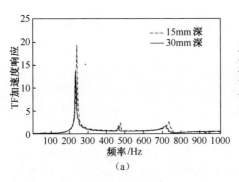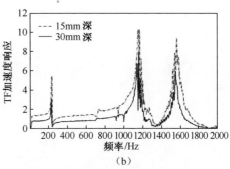

(a)   (b)

图 4-19 颗粒阻尼器不同尺寸时支架结构响应振动传递函数

（1）在共振区域颗粒阻尼器可以有效降低支架结构的振动。其中,当采用 B 型颗粒阻尼器,填充 70% 碳化钨颗粒时,在一阶共振频率处,支架结构 y 和 z 向振动传递函数峰值分别降低了 22.58% 和 78.24%。

（2）在其他参数不变时,填充颗粒密度的增加能有效提升减振效果。

（3）安装 4 个颗粒阻尼器时支架结构的减振效果要好于安装两个颗粒阻尼,但支架结构的减振效果并不是随颗粒阻尼器个数的增加呈线性关系。

（4）支架结构安装 B 型颗粒阻尼器时的减振效果要好于安装 A 型颗粒阻尼器时的减振效果,主要是因为 B 型颗粒阻尼器尺寸增加了,但是支架结构的减振效果与颗粒阻尼器的尺寸也不是线性关系。

（5）安装颗粒阻尼器可以同时有效降低 y 和 z 向的振动。

由仿真计算和模态实验得到的固有振动特性,结合连接支架的结构,设计了多种类型的颗粒阻尼器。采用了多种实验方案,研究了正弦扫频和随机振动条件下颗粒填充率、颗粒材料、阻尼器个数和阻尼器位置等参数对颗粒阻尼器减振效果的影响。实验结果表明,正弦扫频条件下,颗粒阻尼器的减振效果良好。通过选择 70% 左右的填充率和密度大的颗粒材料、增加阻尼器个数和把阻尼器布置在支架结构振动位移大的位置等措施,能达到更好的减振效果;而随机振动条件下,颗粒阻尼器的减振效果没有正弦扫频激励下的减振效果那么明显。改变颗粒填充率、颗粒材料等方式对支架结构的减振效果影响不大。其原因主要是相比正弦扫频实验条件,随机激励条件下颗粒阻尼器的减振机理更加复杂,颗粒的运动更加杂乱无章,消耗一定能量的同时又产生了新的能量,因而减振效果不明显。

4.2 被动颗粒阻尼技术在汽车制动鼓减振中的应用

随着汽车工业的发展,汽车作为一种代步和运输工具已经进入普及时代,给人们带来了极大的方便,大大提高了生活和工作效率,推动社会快速向前发展。随着汽车保有量的日益增多,以及人们对生产效率要求的提高,汽车的行驶速度也日益提高,这就使得与行驶安全有关的汽车制动问题成为汽车工程中的重要问题,制动器作为保障汽车安全行驶的重要部件之一,也就成了人们研究的主要课题之一。目前,汽车制动大多采用摩擦制动,即通过制动蹄片与制动鼓(或制动块与制动盘)表面接触产生的摩擦力矩作为制动力矩,将运动中物体的动能转化为热能,使汽车达到减速或者停止的目的[11-13]。因此,汽车制动系统中摩擦副的性能与结构是汽车行驶安全性的根本影响因素。

汽车为人们和社会带来便捷的同时,也带来了噪声污染,它已成为现代城市生活中不可忽视的一大公害[14]。它的危害是多方面的:它不仅对人们的正常生活和工作造成极大干扰,影响人们交谈、思考,使人产生烦躁,反应迟钝,工作效率降低,分散人的注意力,引起工作事故,而且更严重的情况是噪声可使人的听力和健康受到损害,对人体的消化系统、血液循环系统和内分泌系统产生不同程度的影响。随着交通运输业的迅猛发展,制动噪声作为汽车噪声的重要组成部分严重影响着城市居民的生活[15]。在研究及应用中发现,目前已经应用的制动总成虽然取得了很大的进步,但是仍不同程度地存在一些问题,如有的制动系的性能虽然提高了,但是生产工艺复杂了,成本也随之增加,耗能增多了,特别是制动噪声的控制方面还不理想。

在日益重视人居环境、人与自然统一的今天,人们对汽车的要求除了高速、重载、安全可靠、乘坐舒适、操作方便等外,控制噪声污染已逐渐成为人们行车及生活的迫切要求。因此,研究治理汽车制动噪声已成为汽车制造商亟待解决的重要问题。

110

汽车制动器产生的尖叫声和振颤声是城市交通噪声的组成部分,它既影响汽车乘坐的舒适性,又影响环境,损害人们的健康[16]。据统计,城市客车30%以上存在制动噪声,因此降低制动噪声是控制汽车噪声的一项重要工作。制动噪声的产生机理较复杂,至今尚未形成统一结论,一般认为制动噪声是由摩擦副在转动方向的摩擦耦合和在压紧方向的弹性耦合以及整个制动器系统各组成结构的闭环弹性耦合形成的复杂自激振动产生的噪声。目前在设计上控制制动噪声的方法主要有增加制动鼓的刚度、减小制动蹄的刚度(对于鼓式制动器)、优化盘式制动器结构、增加系统阻尼、改善摩擦衬片的特性并提高其衰减振动的能力等措施[17-18]。增加系统阻尼是降低制动噪声的重要措施,制动块底板上阻尼层的减振机制在于黏弹性材料在接触面间表现出的摩擦作用,尤其取决于材料本身的迟滞效应,分析了阻尼层对制动器噪声的抑制效果。但由于制动器的温度常常在300℃以上,有时达到600~700℃,所以传统的阻尼减振技术在鼓式制动器的减振降噪上应用较困难。鼓式制动器的应用范围比较广泛,所以研究如何降低其制动噪声和减小振动,具有明确的工程价值和意义。

由于鼓式制动器的工作环境比较恶劣,传统的阻尼减振技术难以在鼓式制动器的减振降噪上发挥作用,本章研究了颗粒阻尼技术在汽车鼓式制动器减振降噪领域的应用。颗粒阻尼器是一种低成本、抗老化、耐恶劣环境、减振降噪效果好的减振器,与现有其他阻尼技术比较,具有以下突出的优点:体积小、附加质量小、成本低、基本不增加结构的总体质量;无须改变结构部件的总体外形设计;减振频带宽,对薄弱模态频率的减振效果尤佳,增加的阻尼效果显著;对温度不敏感,适应于高温环境,性能稳定,不老化;具有良好的减振、隔振和抗冲击的综合特性;适应于空间狭小、结构微细的结构件的减振处理。正是由于其具有上述特点,使得颗粒阻尼这种新型阻尼形式具有巨大的工程应用前景。目前颗粒阻尼器已在航空、航天及普通机械装备中有了成功应用的实例,本书对静态制动鼓模态阻尼比随颗粒阻尼器参数的变化情况进行研究,结果表明颗粒阻尼器可有效提高制动鼓的模态阻尼比,具有良好的减振降噪效果,因此有重要的工程价值和意义。

本章将分析颗粒阻尼器应用于鼓式制动器的可行性,并对其阻尼特性进行实验和仿真研究。首先建立汽车鼓式制动器的有限元模型,并对其固有特性进行有限元计算和实验验证,以保证制动鼓有限元模型的准确性,为进一步的动态特性设计提供依据;在考虑摩擦衬片和制动鼓之间的摩擦接触后,计算制动鼓周缘布置孔腔后制动工况的应力情况;在保证制动鼓刚度和强度的前提下,向制动鼓周缘的孔腔填充颗粒,通过仿真算法对上述工况进行仿真计算,得到制动鼓响应随颗粒阻尼器参数的变化关系,并与实验结果进行比较。最后通过仿真计算研究带颗粒阻尼器制动鼓在旋转状态下的振动特性。

4.2.1 鼓式制动器工作原理及噪声产生机理

使行驶中的汽车减速甚至停车、使下坡行驶的汽车速度保持稳定以及使已经停驶的汽车保持不动,这些作用统称为汽车制动。对汽车起到制动作用的是作用在汽车上,其方向与汽车行驶方向相反的外力。作用在行驶汽车上的滚动阻力、上坡阻力、空气阻力都能对汽车起制动作用,但是这些外力的大小都是随机的、不可控制的。因此,汽车上必须装设一系列专门的装置,以便驾驶员能根据道路和交通等情况,借以使外界(主要是路面)在汽车某些部分(主要是车轮)施加一定的力,对汽车进行一定程度的强制制动。这种可控制的对汽车进行制动的外力,称为制动力。这一系列专门的装置称为制动系。

1. 鼓式制动器的工作原理

鼓式制动器有内张型和外束型两种,虽然前者的制动鼓以内圆柱面为工作表面,而后者的工作表面则是外圆柱面,但两者都采用带摩擦片的制动蹄作为固定元件。普通鼓式制动器工作原理如图 4-20 所示。

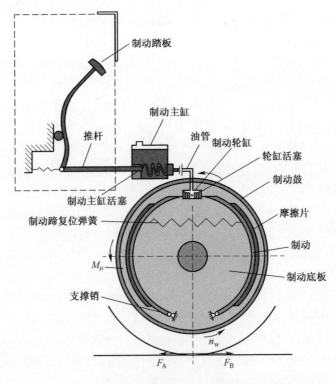

图 4-20 制动鼓工作原理

112

制动鼓工作原理:一个以内圆面为工作表面的金属制动鼓固定在车轮轮毂上,随车轮一同旋转在固定不动的制动底板上,有两个支撑销,支撑着两个弧形制动蹄的下端。制动蹄的外圆面上又通常装有非金属的摩擦片。制动底板上还装有液压制动轮缸,用油管与装在车架上的液压制动主缸相连通。主缸中的活塞可由驾驶员通过制动踏板来操纵。没有制动时,制动鼓内表面与制动蹄摩擦片的外圆面之间保持一定的间隙,使车轮和制动鼓可以自由旋转。制动时,驾驶员踩下制动踏板,通过推杆和主缸活塞使主缸内的油液在一定压力下流入轮缸,并通过两个轮缸活塞使两制动蹄绕支撑销转动,上端向两边分开而以其摩擦片压紧在制动鼓的内圆表面上。这样,不旋转的制动蹄就对旋转着的制动鼓作用一个摩擦力矩 M_μ,其方向与车轮旋转方向相反。制动鼓将该力矩 M_μ 传到车轮后,由于车轮与路面间有附着作用,车轮对路面作用一个向前的周缘力 F_A,同时路面也对车轮作用着一个向后的反作用力,即制动力 F_B。制动力 F_B 由车轮经车桥和悬架传给车架及车身,迫使整个汽车产生一定的减速度。制动力越大,则汽车减速度也越大。当放开制动踏板时,复位弹簧即将制动蹄拉回复位,摩擦力矩 M_μ 和制动力 F_B 消失,即制动作用终止。

2. 振动与噪声的关系

在动力学的研究中,分别论述噪声和振动,工程师常把噪声考虑为波,而把振动考虑为模态。因此,对于噪声、振动两者之间联系的基本理解,要求人们能够既考虑振动波也考虑振动模态。正因为噪声与振动存在这种本质的内在联系,所以寻找这种关系,通过振动来研究噪声是完全可行的。

由于固体能储存剪切和压缩能量,所以能在结构内保持所有形式的波,即压缩(纵向)波、挠曲(横向或弯曲)波、剪切波和扭转波。一方面,由于流体只能储存压缩能量,所以它仅能维持压缩(纵向)波。挠曲(弯曲)波是在声辐射和传播中起直接作用的唯一的结构波形。主要的理由是因为弯曲波微粒速度垂直于波的传播方向带来结构和流体之间有效的能量交换。

克希霍夫–亥姆霍兹积分方程阐明了任意物体上表面谐振运动与周围流体中辐射声压场的关系,即

$$P(\boldsymbol{r}) = \int_s \left[P(\boldsymbol{r}_0) \frac{\partial G_\omega(\boldsymbol{r}, \omega\sqrt{r_0}, \omega)}{\partial \boldsymbol{n}} + \mathrm{i}\omega P_0 u_n(\boldsymbol{r}_0) G_\omega(\boldsymbol{r}, \omega\sqrt{r_0}, \omega) \right] \mathrm{d}S$$

$$(4-1)$$

式中:$\boldsymbol{r}$ 为声场中某接受体位置的位置矢量;$\boldsymbol{r}_0$ 为振动物体上一个位置矢量;$\boldsymbol{n}$ 为单位法向量矢量;$P(\boldsymbol{r}_0)$ 为物体上表面压力;$\mathrm{i}\omega P_0 u_n(\boldsymbol{r}_0)$ 为法向表面加速度;G_ω 为频域格林函数,它是波动方程对谐量源的解。对于点源,它为 $\mathrm{e}^{\mathrm{i}kr}/4\pi r$,式中 $r = |\boldsymbol{r} - \boldsymbol{r}_0|$ 为源和接受体之间距离的模。应注意声压波动是空间和时间的

函数，因此 $P(\boldsymbol{r},t)=P(\boldsymbol{r})\mathrm{e}^{\mathrm{i}\omega t}=P_{\mathrm{Max}}\mathrm{e}^{-\mathrm{i}kr}\mathrm{e}^{\mathrm{i}\omega t}$ 等，这样式（4-1）可以解释为代表有一个振动体表面上分布的电源和力一起的辐射声压场，这些点源和力分别是表面压力和表面加速度的函数。通过适当的选择坐标可使格林函数的法向导数为零，因此不要求了解表面压力分布，即仅仅要求了解表面振动速度。

振动是声波产生的根源，噪声或更复杂的声音均有自己的特征频谱且各不相同。实验表明，噪声强度级决定于振动表面振动速度的幅值。在振动速度减小数倍时，声压也减小相同的倍数。由于振动速度与声压的这种直接关系，所以噪声的声压级与振动速度级有以下关系，即

$$L_P = L_V = 10 \lg\left(\frac{v}{v_0}\right)^2 = 10 \lg\left(\frac{p}{p_0}\right)^2 = 20\lg\frac{p}{p_0} \qquad (4\text{-}2)$$

式中：L_P、L_V 为噪声的声压和振动速度级，dB；v、p 为振动速度（m/s）和声压（Pa）；v_0 为基准振动速度，$v_0=1.0\times10^{-8}\mathrm{m/s}$；$p_0$ 为基准声压，$p_0=2.0\times10^{-5}\mathrm{Pa}$，是人耳对 1000Hz 空气声所能感觉到的最低声压。

从式（4-2）中可以看出，已知振动速度级之后，无须测量声压便可以指出由这些振动所产生的噪声级。振动速度级降低多少分贝，噪声级也同样降低多少分贝。

对谐波振动，有

$$x = A\sin(\omega t + \varphi) \qquad (4\text{-}3)$$
$$v = \dot{x} = A\omega\cos(\omega t + \varphi) \qquad (4\text{-}4)$$

由式（4-3）和式（4-4）可知，当振动频率 ω 一定时，振动的速度幅值 $V = A\omega$ 与振动的位移幅值 A（以下简称振幅）成正比。所以，只要减小振幅 A，就可以减小振动速度的幅值 V，从而降低振动速度级和噪声级。

本章将从减振的角度，通过使用颗粒阻尼器增加系统的阻尼来降低部件的振幅，从而减小噪声的发生。

3. 制动器振动噪声的机理及控制

汽车制动时，制动装置将汽车动能转化为热能，在转化过程中，制动装置在一定条件下产生机械振动，形成汽车制动噪声。这种振动是自激振动，与温度、压力、滑摩速率有关。当这些因素变化时，制动鼓与制动摩擦片的摩擦力也在变化，从而产生了一个持续作用的交变力，引起了系统机件的自激振动，并发出噪声。根据其频率、振幅、音色来分辨各自特点，振动频率可由几十赫到上万赫。制动噪声一般出现在汽车低速制动时，在汽车接近停车时则较大。由于受到多种因素影响，制动噪声的重复性差。

对制动噪声机理的解释可以分为摩擦特性理论、几何特性耦合（Geometric Coupling）理论、热弹性失稳（Thermo Elastic Instability）和"热点（Hot Spot）"理论等。

摩擦特性理论是以自激振动的角度研究制动噪声的，从摩擦副入手，认为摩擦材料的特性是引发制动噪声的根本原因，但实践表明这种分析只涉及摩擦副的摩擦特性，它远远不能解决制动器的制动噪声问题。

1971 年，R. T. Spurr 首次用"撑滑"（Sprag-Slip）现象解释制动尖叫的形成，认为无论摩擦材料特性如何，仅由于摩擦副的几何特性匹配不当就能导致制动噪声。这一理论进一步发展形成了几何特性耦合理论，它认为制动尖叫不仅取决于制动器各部件的结构固有特性，还取决于各部件间的耦合关系，尤其是摩擦副中的几何耦合关系。

"热弹性失稳（Thermo Elastic Instability）"理论认为，两个紧压的弹性相对滑动产生的热量对摩擦材料的摩擦特性影响巨大，使摩擦面的接触压力变得不均匀，最终使系统趋于不稳定。这一思想的进一步发展，认为在制动过程中产生的"热点"是引起制动尖叫的关键因素。现已建立"热点"的产生与摩擦副相对滑动速度之间的对应关系。但该理论无法解释制动尖叫通常以单一频率出现的原因，更无法说明为什么尖叫都在较低车速下发生。

在进行理论研究的同时，国内外学者还进行了大量的实验。成功的研究实例有 1980 年的 Felska 抑制鼓式制动器噪声的解决方案（该方案通过增加底板刚度，制动尖叫被成功抑制）。

制动噪声及其频率特性与许多参数有关，可主要归纳如下。

（1）制动器的结构。体现在制动鼓直径越大，噪声的频率越低；增加制动鼓刚度、减小制动蹄的刚度，可降低制动噪声等。

（2）制动压力。在某些初速度下，制动管路的压力增大，则噪声增大。当达到一定程度时，随着制动管路的压力增大，噪声反而减小；一般压力增大，噪声频率增大。

（3）制动蹄片温度。一般来说，制动蹄片处于常态温度（150℃）下易于产生制动噪声，超过某一温度后，蹄片摩擦系数降低，制动噪声随之降低或消失。

（4）制动初速度。一般情况下，汽车滑动速度在 1m/s 以下时，易于发生制动噪声，随着速度降低噪声增大，停车瞬间噪声达最大值。

（5）制动减速度。既影响噪声大小，又影响频率。制动减速度越大，频率越高。

（6）使用保养。保养或更换蹄片时，若调整不当，则易于产生噪声。

4.2.2 鼓式制动器安装颗粒阻尼器可行性分析

1. 鼓式制动器噪声控制途径

汽车制动时，鼓式制动器的作用是将汽车动能转化为热能。在能量转化过程中，系统在一定条件下产生机械振动，形成汽车制动噪声。这种振动与温度、压力有关,当这些因素变化时,制动鼓与制动摩擦片的摩擦力也变化,从而产生了一个持续作用的交变力,引起了系统部件的自激振动,并发出噪声,噪声频率可由几十赫兹到上万赫兹。易于产生制动噪声的工作环境是:低速制动和临近停车时、发生摩擦衬片经历热衰退后、特定的制动压力范围以及一定的温度、湿度情况。

为解决制动器的振动与噪声问题,人们已经将全息照相、激光多普勒分析、有限元分析以及实验模态技术等引入制动器的振动噪声研究中,并取得一定的成果。制动噪声及其频率特性与许多因素有关,经分析可归纳为:制动器结构、制动压力、制动蹄片温度、制动初速度、制动减速度、使用保养。

从设计、制造、使用及保养维修各个方面采取措施都可对制动器噪声进行控制。但最根本的是要从设计制造方面控制制动噪声,在设计上控制噪声的措施主要是优化结构参数与合理选用材料。具体如下。

(1) 增加制动鼓的刚度。增加制动鼓刚度,固有频率提高,噪声降低。

(2) 减小制动蹄的刚度。制动蹄的刚度减小后可以改善摩擦衬片与鼓间的压力分布和接触情况,从而降低制动噪声。

(3) 增加阻尼。在制动鼓、制动蹄上或与它们连接的位置增加阻尼。制动鼓上采用约束层阻尼、在制动鼓与轮辋间加弹簧;制动蹄上加阻尼、与轮缸的接触处加阻尼。

(4) 合理匹配制动鼓与蹄的刚度。

(5) 改善摩擦衬片的特性和衰减振动的能力。摩擦衬片的特性与摩擦系数、制动蹄刚度(与压力分布有关)及包角等有关。

由于制动鼓结构本身形状和材料的限制,增加制动鼓刚度或减小制动蹄刚度都受到了很大程度上的约束。目前常用的增加阻尼措施是:在制动鼓、制动蹄上或与它们连接的位置增加阻尼;在制动鼓上采用约束层阻尼等。这些增加阻尼的措施在制动鼓处于高温工况下容易失效。针对上述现状,本书对适合耐恶劣环境的颗粒阻尼技术在制动鼓上的应用进行探索性研究。

2. 鼓式制动器振动固有特性

1) 鼓式制动器的有限元模型

取某重型车辆的鼓式制动器为研究对象,制动鼓、制动蹄和摩擦片的实体如图 4-21 所示。制动鼓结构较为简单,而制动蹄的结构较为复杂,摩擦衬片分为4 块,通过铆钉与制动蹄铆接在一起。

考虑到有限元模型单元划分的特点以及模型对计算结果的影响,建模时需对鼓式制动器进行以下简化:忽略不同线段连接处的倒角;制动蹄的肋板厚度均匀;在接触表面的各向性能相同;制动蹄上的摩擦衬片是连续的、不分开。

图 4-21　鼓式制动器实体

本书研究的制动鼓为某大型货车鼓式制动器的制动鼓,建模时需要对制动鼓进行以下简化。

（1）忽略不同线段连接处的倒角。

（2）蹄的肋板厚度均匀。

（3）蹄上受促动力部位简化成方块面。

（4）在接触表面的各向性能相同。

（5）制动蹄上的摩擦衬片是连续的、不分开。

（6）忽略摩擦面倒角。

利用 UG 三维软件对某制动鼓进行实体建模后导入 ANSYS,如图 4-22 所示。

采用 8 节点六面体单元 Solid45 对制动鼓进行单元划分,制动鼓为轴对称结构,可取其 1/10 模型进行网格划分,然后利用复制压缩命令得到制动鼓有限元模型,具体过程如下。

（1）先把实体模型分为完全相同的 10 份,取其中的 1 份(图 4-23)进行划分。

（2）为了保证复制压缩命令能够顺利进行,1/10 模型的划分应尽可能规则,尤其是对接面的划分要规则,因此应使用 sweep 命令保证两个对接面划分相同。但由于 1/10 模型的法兰部分有一个圆孔,所以无法利用模型的截面直接扫到对面。先建立一个弧面,把 1/10 模型的法兰部分与鼓壁部分分开,先对鼓壁界面进行面划分,如图 4-24 所示,然后利用 sweep 体扫掠命令把鼓壁部分体单元划分出来,如图 4-25 所示,接着采用刚才建立的弧面对法兰部分使用 sweep 命令,得到 1/10 模型的有限元模型,如图 4-26 所示。

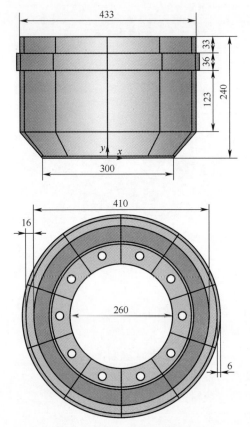

图 4-22　制动鼓尺寸参数示意图

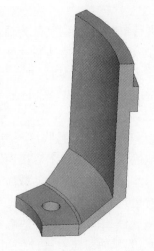

图 4-23　制动鼓 1/10 模型

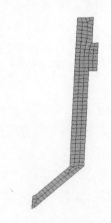

图 4-24　利用过渡面单元划分截面

图 4-25　分网后的鼓壁

图 4-26　分网后 1/10 模型

（3）1/10 模型划分网格后,利用复制和压缩命令得到整个鼓的有限元模型,共有 63650 个节点、48080 个单元,如图 4-27 所示。

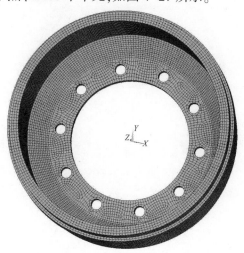

图 4-27　制动鼓有限元模型

2）制动蹄和摩擦衬片有限元建模

利用 UG 三维软件对制动蹄和摩擦衬片进行实体建模后导入 ANSYS,如图 4-28 所示。在实际使用中蹄和摩擦衬片是用铆钉连接在一起的,在制动时摩擦衬片和制动蹄的运动方式完全相同,但由于两者的材料属性不同,因此应分别建模后用 glue 命令把两者黏起来,然后再进行网格划分。

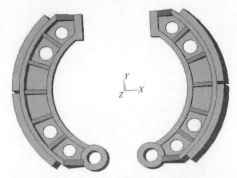

图 4-28　摩擦衬片实体模型

　　由于制动蹄的形状不规则,而摩擦衬片的形状比较规则,同时两者是黏在一起的,为保证 glue 面节点的一一对应,应先对摩擦片进行网格划分,同时由于它要进行接触计算,所以它的网格尽量要规则些,选用 20 节点六面体单元 Solid95,利用 sweep 命令得到摩擦衬片的有限元模型,如图 4-29 所示,而制动蹄则选用 10 节点六面体单元 Solid92 进行网格划分,如图 4-30 所示。

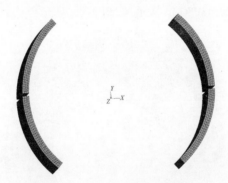

图 4-29　摩擦衬片有限元模型

图 4-30　制动蹄与摩擦衬片有限元模型

3）制动器有限元模型

制动器有限元模型是制动鼓、制动蹄和摩擦衬片的有限元模型按装配关系组合起来的，如图 4-31 所示。

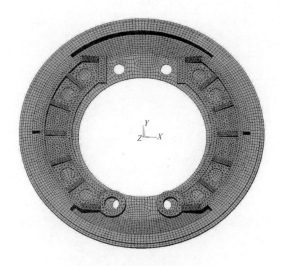

图 4-31　制动器有限元模型

4）利用 ANSYS 计算制动鼓固有特性

使用 ANSYS 软件计算自由状态下（即不施加任何边界条件、没有预应力和外载荷）制动鼓的模态频率和模态振型。自由边界下的前 6 阶为刚体模态，其模态频率都为零。

选择分块兰索斯法（BLOCK LANCZOS）对结构进行模态分析，这个求解器采用 LANCZOS 算法，LANCZOS 算法是用一组向量来实现 LANCZOS 递归计算。当计算某系统特征值谱所包含一定范围的固有频率时，采用 BLOCK LANCZOS 法提取模态特别有效，其特别适用于大型对称特征值的求解问题。

制动鼓所用的材料是灰口铸铁（HT250），其主要材料特性常数见表 4-7。

表 4-7　灰口铸铁（HT250）的特性常数

弹性模量/GPa	泊松比	密度/(kg/m³)
115	0.27	7330

对制动鼓进行自由模态计算，不计刚体模态，根据需要只考虑固有频率在 10~1400Hz 范围内的模态，则各阶固有频率如表 4-8 所列，同时提取了平板的前 4 阶模态振型如图 4-32~图 4-35 所示。

表 4-8　ANSYS 计算的各阶固有频率及振型描述

阶数	频率/Hz	振型描述
一阶	250.3	周向 2 周波
二阶	638.8	周向 3 周波
三阶	1041.3	周向 4 周波
四阶	1154.0	周向 5 周波

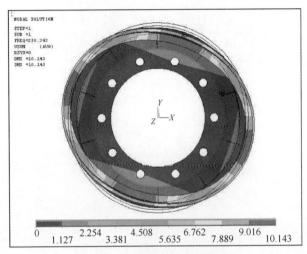

图 4-32　一阶周向 2 周波振型

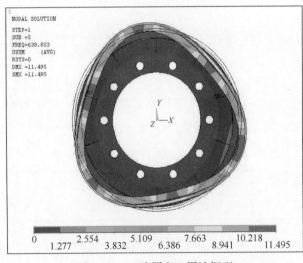

图 4-33　二阶周向 3 周波振型

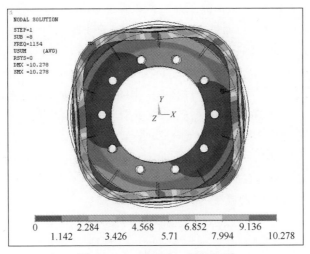

图 4-34　三阶周向 4 周波振型

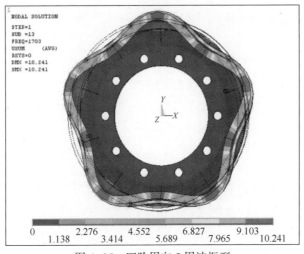

图 4-35　四阶周向 5 周波振型

3. 制动鼓模态实验

1) 实验模态分析理论

实验模态分析是一种参数识别方法,在确认实际结构可以运用"模态模型"来描述其动态响应的前提下,通过实验数据的处理、分析,寻求其"模态参数"。

实验模态分析的关键在于得到振动系统的特征向量(或称模态振型)。实验模态分析便是通过实验数据采集系统的输入输出信号,经过参数识别获得模态参数。具体做法:首先将结构物在静止状态下进行人为激励,通过测量激振力与振动响应,找出激振点和各测量点之间的频响函数(传递函数),建立频响函数矩阵,用模态分析理论,通过对实验导纳函数的曲线拟合,识别出结构的模态参数。

在频响测量分析中,一般情况下,固有频率被认为是易于准确得到的,因而频响分析工作往往从寻求固有频率开始。阻尼确定之后,接下去的工作便是求取刚度和质量。对于单自由度系统,参数识别工作到此结束;对于多自由度系统来说,求得阻尼之后,还要确定振型,并对振型进行适当的归一化后,刚度和质量参数才能确定。因此,多自由度系统的参数矩阵中,除阻尼、刚度、质量和模态频率矩阵外,还有一个模态振型矩阵。

n 自由度的线性定常系统的运动方程为

$$M\{\ddot{X}\} + C\dot{X} + Kx = f(t) \tag{4-5}$$

式中:M 为质量矩阵;C 为阻尼矩阵;K 为刚度矩阵;X 为位移;$\dot{X}$ 为速度;$\ddot{X}$ 为加速度。

对式(4-5)作傅里叶变换,得

$$(-\omega^2 M + j\omega C + K)X(\omega) = F(\omega) \tag{4-6}$$

式中:$X(\omega)$、$F(\omega)$ 分别为位移函数 $x(t)$、力函数 $f(t)$ 的傅里叶变换,它们都是 ω 的函数,也称为力和响应的傅里叶谱;ω 为角速度。

式(4-6)可简记为

$$Z(\omega)X(\omega) = F(\omega) \tag{4-7}$$

式中:$Z(\omega)$ 为系统的阻抗矩阵,对式(4.7)乘以阻抗矩阵的逆,得

$$X(\omega) = Z(\omega)^{-1}F(\omega) = H(\omega)F(\omega) \tag{4-8}$$

式中:$H(\omega)$ 为系统的导纳矩阵,是阻抗矩阵的逆,也是 n 阶对称矩阵。

将式(4-8)按第 l 行展开,得 $H(\omega)$ 的第 l 行为

$$X_l = H_{l1}F_1 + H_{l2}F_2 + \cdots + H_{lp}F_p + \cdots + H_{ln}F_n \tag{4-9}$$

由此可见,H_{lp} 的意义是:其他点上的激励力为零时,l 点响应谱与 p 点激励谱的复数比,即

$$H_{lp}(\omega) = \frac{X_l(\omega)}{F_p(\omega)} \tag{4-10}$$

式中:$X_l(\omega)$ 为 l 点的响应谱;$F_p(\omega)$ 为 p 点的激励谱。

式(4-10)反映的是系统激励能量的传递路径,即其在外力作用下的响应特性。在系统的一个坐标上加上激励力,而在其他坐标系上不加激励力,这一点在实验时很容易做到,所以,导纳元素是可通过实验获得的。在做结构动态分析时,正是利用这一性质,可以在结构的某一点上进行单点激励,在该点和其他各点上测量

响应,便可得到导纳矩阵某一列的元素值,换一个激励点,又得到另一列元素值,如此重复便可得到所有导纳矩阵的元素值,确定了导纳矩阵,便完全了解了系统的动力特性。

由于导纳矩阵具有对称性质,必有 $H_{ij} = H_{ji}$,也就是 i 点激励 j 点测振与 j 点激励 i 点测振的导纳完全一致,即跨点导纳的互易原理,它在理论和实践上都有重要意义。根据互易性原理,n 阶导纳矩阵中有 $n(n+1)/2$ 个元素是独立的,对于复杂的系统,确定如此众多的元素是非常困难的。而根据模态分析理论,只需知道导纳矩阵的一行或一列元素,便能确定整个导纳矩阵。

对式(4-5)中的物理坐标 $\boldsymbol{x}$ 作线性变换,有

$$\boldsymbol{x} = \boldsymbol{\Phi}\boldsymbol{q} \tag{4-11}$$

式中:$\boldsymbol{\Phi}$ 为各阶振型列阵组成的方阵,即

$$\boldsymbol{\Phi} = \begin{bmatrix} \boldsymbol{\varphi}_1\ \boldsymbol{\varphi}_1 \cdots\ \boldsymbol{\varphi}_i \cdots\ \boldsymbol{\varphi}_n \end{bmatrix} \tag{4-12}$$

$\boldsymbol{\varphi}_i$ 为第 i 阶振型,$i = 1,2,3,\cdots,n$;$\boldsymbol{q}$ 为主坐标矢量,$\boldsymbol{q} = [q_1,q_2,\cdots,q_n]^{\mathrm{T}}$。

将式(4-11)代入式(4-5)得

$$\boldsymbol{M}\boldsymbol{\Phi}\{\ddot{\boldsymbol{q}}\} + \boldsymbol{C}\boldsymbol{\Phi}\dot{\boldsymbol{q}} + \boldsymbol{K}\boldsymbol{\Phi}\boldsymbol{q} = \boldsymbol{f}(t) \tag{4-13}$$

式中:$\boldsymbol{q}$ 为主坐标位移;$\dot{\boldsymbol{q}}$ 为主坐标速度;$\ddot{\boldsymbol{q}}$ 为主坐标加速度。

式(4-13)两端左乘振型矩阵得转置后,得

$$\boldsymbol{\Phi}^{\mathrm{T}}\boldsymbol{M}\boldsymbol{\Phi}\ddot{\boldsymbol{q}} + \boldsymbol{\Phi}^{\mathrm{T}}\boldsymbol{C}\boldsymbol{\Phi}\dot{\boldsymbol{q}} + \boldsymbol{\Phi}^{\mathrm{T}}\boldsymbol{K}\boldsymbol{\Phi}\boldsymbol{q} = \boldsymbol{\Phi}^{\mathrm{T}}\boldsymbol{f}(t) \tag{4-14}$$

根据振型矩阵、质量矩阵、刚度矩阵和阻尼矩阵(比例阻尼或结构阻尼)的正交关系,则质量矩阵、刚度矩阵和阻尼矩阵被对角,式(4-5)被解耦为

$$\begin{pmatrix} m_1 & & & & \\ & m_2 & & & \\ & & \ddots & & \\ & & & m_i & \\ & & & & \ddots \end{pmatrix}\ddot{\boldsymbol{q}} + \begin{pmatrix} c_1 & & & & \\ & c_2 & & & \\ & & \ddots & & \\ & & & c_i & \\ & & & & \ddots \end{pmatrix}\dot{\boldsymbol{q}} + \begin{pmatrix} k_1 & & & & \\ & k_2 & & & \\ & & \ddots & & \\ & & & k_i & \\ & & & & \ddots \end{pmatrix}\boldsymbol{q} = \boldsymbol{\Phi}^{\mathrm{T}}\boldsymbol{f}(t) \tag{4-15}$$

式中:m_i 为第 i 坐标主质量;c_i 为第 i 坐标主阻尼;k_i 为第 i 坐标主刚度。这是一组 n 个相互独立的单自由度振动微分方程,其中第 i 个方程为

$$m_i\ddot{q}_i + c_i\dot{q}_i + k_iq_i = \boldsymbol{\varphi}_i^{\mathrm{T}}\boldsymbol{f} = \sum_{j=1}^{n}\varphi_{ji}f_i \tag{4-16}$$

式中:φ_{ji} 为第 i 阶振型(模态)的第 j 个分量。

如果系统仅在 p 点受简谐力 $f_p = F_p\mathrm{e}^{\mathrm{j}\omega t}$($F_p$ 为 p 点激励幅值)的作用(单点激励),则式(4-16)可变为

$$m_i \ddot{q}_i + c_i \dot{q}_i + k_i q_i = \varphi_{pi} F_p \mathrm{e}^{\mathrm{j}\omega t} \qquad (4-17)$$

式(4-17)与单自由度振动微分方程相同,设其解 $q_i = Q_i \mathrm{e}^{\mathrm{j}\omega t}$,则可以解得幅值为

$$Q_i = \frac{\varphi_{pi} F_p}{k_i - \omega^2 m_i + \mathrm{j}\omega c_i} \qquad (4-18)$$

将式(4-18)代入式(4-11)可以得出系统任何一个物理坐标点 l 上的响应幅值为 $X_l = \sum_i \varphi_{li} Q_i$,式中 φ_{li} 为第 i 阶模态的第 l 个分量,将式(4-18)代入可得

$$X_l = \sum_{i=1}^{n} \frac{\varphi_{li} \varphi_{pi} F_p}{k_i - \omega^2 m_i + \mathrm{j}\omega c_i} \qquad (4-19)$$

获得 p 点激励 l 点相应的位移导纳表达式为

$$H_{lp} = \sum_{i=1}^{n} \frac{\varphi_{li} \varphi_{pi}}{k_i - \omega^2 m_i + \mathrm{j}\omega c_i} \qquad (4-20)$$

由式(4-20)扩展可得导纳矩阵第 p 列的列阵表达式为

$$\{H\}_p = \sum_{i=1}^{n} \frac{\{\varphi\}_i \varphi_{pi}}{k_i - \omega^2 m_i + \mathrm{j}\omega c_i} \qquad (4-21)$$

则整个导纳矩阵为

$$[H] = \sum_{i=1}^{n} \frac{\{\varphi\}_i \{\varphi\}_i^{\mathrm{T}}}{k_i - \omega^2 m_i + \mathrm{j}\omega c_i} \qquad (4-22)$$

导纳矩阵的全部元素被确定后,振动系统的动力特性就被确定下来了。

对于瞬态激励或是随机激励情况,机械导纳并不是简单地通过傅里叶变换求得,而是进一步通过计算力和响应的自功率谱密度和互功率谱密度的方法求得。由随机振动理论知,对于一个平稳随机过程,其频响函数是响应和力的互功率与力的自功率谱密度之比,或为响应的自谱密度和力与响应的互谱密度之比。如果只求导纳的幅值(幅频特性),则由随机振动理论可知,导纳幅值的平方等于响应的自谱密度与力的自谱密度之比。因此,频响函数的确定就转化为谱分析问题,即只需对系统的力及响应信号做出功率谱分析,即能确定系统的动力特性。

本书的模态分析就是基于以上理论,采用单点激励单点响应(SISO)的方法,求出导纳矩阵的一列元素,然后识别出各阶模态参数。

2)模态实验分析

实验采用带力传感器的脉冲锤敲击制动鼓,力传感器采集力信号,经电荷放大器将信号放大后传送给采集系统;同时,由布置在制动鼓测振点处的加速度传

126

感器拾取振动加速度响应信号,经电荷放大器将信号放大后传送给采集系统;利用 DASP2003 数据分析软件对这两个信号做相应处理,计算频响函数,得到制动鼓的模态参数。

实验时用弹簧将制动鼓悬挂起来,为了模拟自由边界,弹簧刚度必须尽量小,应保证制动鼓悬挂系统最高的"刚体模态"(结构不产生任何弹性变形的运动模态)频率 ω_{0i} 比最低的结构变形模态 Ω_1 要低得多,至少应能保证 $\omega_{0i}/\Omega_1 <$ 0.1 ~ 0.2;否则会产生较大的附加刚度,导致实验测得的固有频率与计算固有频率存在较大误差,实验可信度变差。

用软弹簧将制动鼓悬挂起来,并采用 SISO 方法(单点输入单点输出方法)进行实验及分析。由之前的仿真计算结果可知,制动鼓的前 3 阶模态体现为制动鼓圆柱部分的振动。因此,为方便起见,仅在圆柱部分进行模态实验测试。实验模型布点如图 4-36 所示,沿母线方向取 3 个锤击点,沿周向取 20 个锤击点,共 60 个锤击点,加速度传感器安装在第 60 号测点处。

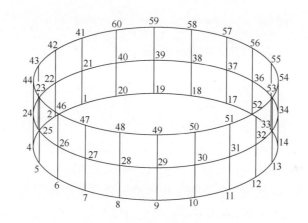

图 4-36　制动鼓自由模态测点图

为保证实验的可重复性,实验分两次进行,第一次每点敲击 3 次,第二次每点敲击 5 次,最后求两次模态频率的平均结果。

将实验仪器设备连接后,对其进行校准工作。实验前要仔细对各测量通道(包括传感器和电源/信号调节器)的灵敏度系数和频响特性进行校准,同时对整个测试系统做全面的检查。

在采样测试之前应进行示波工作,通过改变放大器的增益调整波形的大小,使采样数据的信噪比尽可能大,且又不会出现饱和情况。

通过示波过程调整好仪器的状态(如传感器档次、放大器增益、是否积分以及程控放大倍数等)后,在 DASP 软件中进行相应的设置。

由于每个激振点对应一组响应信号,60个激振点对应60组响应信号,因此需要计算出60个传递函数,每个传递函数激励信号和响应信号一定要一一对应,如图4-37所示的IN输入的是激振力信号"测点f1"、OUT输入的是响应信号"测点1"。

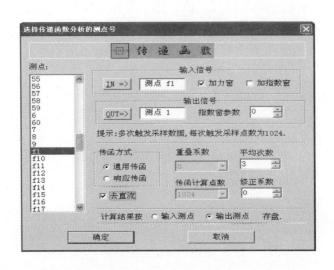

图4-37 "选择传递函数分析的测点号"对话框

传递函数的幅频和相频曲线如图4-38所示,图中幅频曲线各峰值点所对应的频率就是系统的各阶固有频率,每计算一组传递函数后就需要对其幅频、相频曲线和各阶固有频率进行保存。当所有传递函数都计算保存完毕之后才能进行模态分析。首先要绘制进行模态分析部件的简图和布点方式(图4-36),然后确定部件模态分析的阶数,采用集总平均——将所有传递函数进行平均,得到一条平均后的曲线,通过选取具有明显峰值的频率带,确定模态阶数,图4-39中确定了前6阶模态。模态拟合时采用复模态单自由度拟合方法,而得到的拟合结果好坏可以从振型相关矩阵校验图形中看到,振型相关矩阵校验用来校核各阶模态振型之间的正交性,矩阵关于主对角线对称,主对角线的元素都为1,矩阵元素的行号和列号分别代表了两阶模态,其大小表示了这两阶模态振型的正交性,为归一化后的两阶模态振型标量乘积,值越小表示正交性越好,理想模态分析结果的振型相关矩阵除主对角元素外,其他元素的值都很小,如图4-40所示。

由于锤击实验模型的简化,本书只提取了实验中出现的2~5周波模态(图4-41~图4-44)及模态频率(表4-9)。

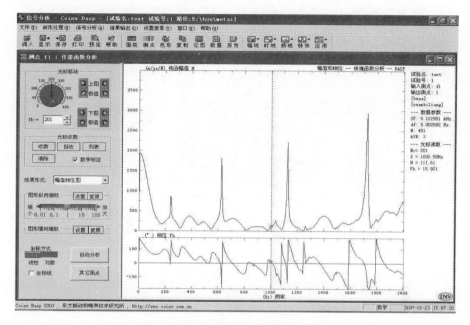

图 4-38　DASP 传递函数分析界面

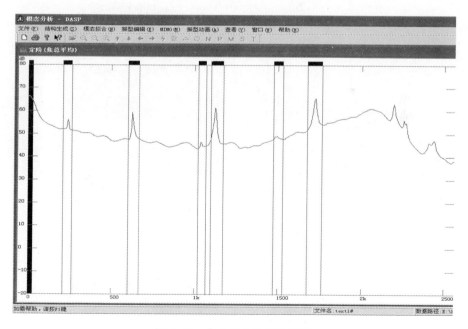

图 4-39　集总平均法定阶界面

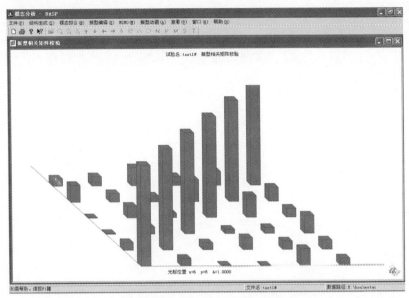

图 4-40 振型相关矩阵校验

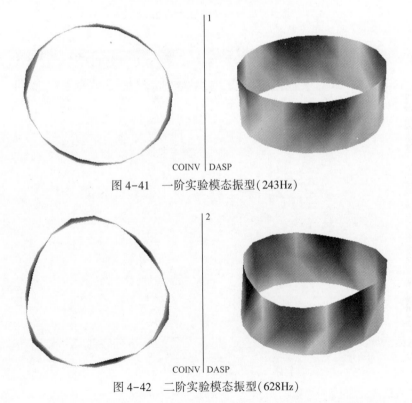

图 4-41 一阶实验模态振型(243Hz)

图 4-42 二阶实验模态振型(628Hz)

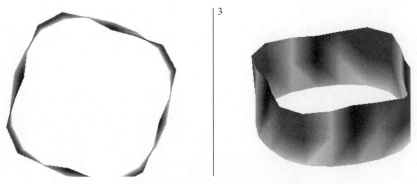

图 4-43　三阶实验模态振型(1125Hz)

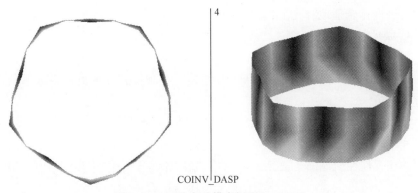

COINV_DASP

图 4-44　四阶实验模态振型(1721Hz)

表 4-9　实验得到的模态频率及振型描述

阶数	频率/Hz			振型描述
	实验 1	实验 2	平均	
一阶	243.065	243.048	243.051	2 周波模态
二阶	628.550	628.533	628.541	3 周波模态
三阶	1125.658	1125.656	1125.656	4 周波模态

对比模态实验和有限元模态计算结果如表 4-10 所列。

表 4-10　模态实验和有限元计算结果对比

阶数	模态频率/Hz		误差/%	振型描述
	实验平均	有限元计算		
一阶	243.051	246.17(重特征值)	1.27	周向 2 周波
二阶	628.541	633.68(重特征值)	0.81	周向 3 周波
三阶	1125.656	1132.0(重特征值)	0.56	周向 4 周波

从表4-10中可以看出,利用有限元计算和实验所得的制动鼓固有频率在0~1400Hz内的误差比较小,可以满足工程要求,验证了制动鼓有限元模型的正确性。

从有限元计算的结果可以看出,由于制动鼓的轴对称结构产生了重合模态,而使用SISO实验方法获得的结果是看不出来的,产生了模态丢失。

经过对上述制动鼓的模态实验和有限元计算结果比较可以得出以下几点:

(1) 通过有限元计算和模态实验获得了制动鼓在1400Hz以内制动鼓的固有频率及振型。计算模态与实验模态在低阶频率范围内吻合较好,验证了制动鼓有限元分析模型是正确的,该模型可用于制动鼓的进一步动态分析。

(2) 对于轴对称结构,采用实验方法难以获得固有频率为重频时所对应的不同振型,存在模态的"漏频"现象,即模态丢失。此时,有限元计算结果可以对实验结果进行合理地补充。

4. 制动鼓强度及刚度

在制动鼓上施加颗粒阻尼器时,需要在制动鼓的圆柱部分布置孔腔,这可能会影响到制动鼓的结构强度和刚度,因此必须对布置孔腔后的制动鼓进行应力和应变分析。

在汽车制动过程中,制动蹄片在轮缸促动力的作用下压向转动的制动鼓,摩擦衬片与制动鼓接触并产生摩擦力矩,从而使车轮产生制动力。制动鼓与制动蹄片的相互作用机制非常复杂,以往对摩擦衬片的分析中,大多基于制动鼓和制动蹄是完全刚性的,这样得到的结论与实际结果有很大的差异。由于制动器结构的复杂性,二维平面模型不能很好地表征制动蹄和制动鼓的应力分布,故此采用三维结构有限元模型进行计算,并考虑到制动蹄和制动鼓的弹性,建立相应的接触模型。鼓式制动器的有限元模型由制动鼓、制动蹄和摩擦衬片三部分组成。为了布置颗粒阻尼器,在制动鼓周缘打多个对称分布的孔腔(以40个孔为例),如图4-45所示。

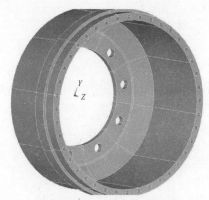

图4-45 打孔后制动鼓模型

用六面体实体单元划分网格,在摩擦衬片与制动鼓的接触面上建立接触对,则布置孔腔后鼓式制动器的接触分析模型如图 4-46 所示。

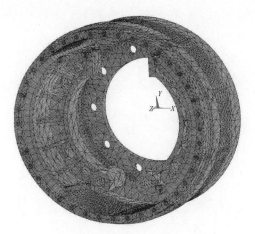

图 4-46　鼓式制动器有限元模型

在制动鼓周缘布置 40 个相同尺寸的孔腔,其尺寸为直径 10mm、深 90mm。制动鼓、制动蹄和摩擦衬片的材料特性参数如表 4-11 所列。

表 4-11　制动器的材料特性参数

部件	弹性模量/GPa	泊松比	密度/(kg/m³)
制动鼓	115	0.27	7330
制动蹄	210	0.30	7850
摩擦衬片	0.37	0.26	1680

该模型仅受外载为轮缸促动力的作用,可以通过液压管路参数求得(促动力为 5000N);对制动蹄,约束销孔的径向位移及销孔内端面的轴向位移,在软件中设置位移约束之前,首先要在销孔处建立局部柱坐标系(图 4-47),选中销孔

图 4-47　销孔处的局部柱坐标系

内表面节点,旋转它们的节点坐标系到局部坐标系中(图4-48),然后才能约束销孔的径向位移及销孔内端面的轴向位移(图4-49);对制动鼓,由于考虑的是制动鼓在促动力作用下鼓的强度,则约束制动鼓法兰部分节点的各向位移。

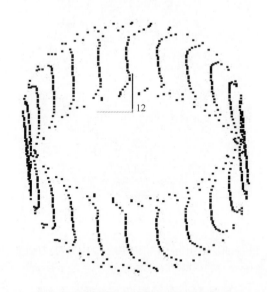

图4-48 旋转节点坐标系到局部坐标系

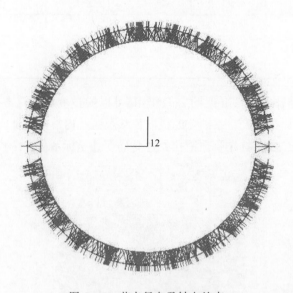

图4-49 节点径向及轴向约束

鼓式制动器受摩擦力的作用,考虑到鼓式制动器结构与载荷对称性的特性,

134

同时为了节省计算时间,采用对称分析方法,即只对鼓式制动器的一半进行加载和分析,如图 4-50 所示。

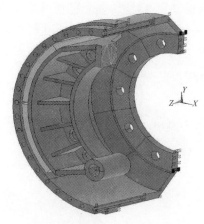

图 4-50 制动鼓对称分析模型

计算布置孔腔后制动鼓的刚度和强度时,要考虑其受到离心力、摩擦力和制动蹄压力的共同作用。计算离心力时,转速为 500r/min,将离心力加载到接触面的单元上;计算制动蹄的压力时,取作用在制动蹄上的促动力为 5000N,将其换算为制动蹄的压力,并将其均布作用在接触面上;计算摩擦力时,制动鼓内表面与摩擦衬片的摩擦系数取 0.4,得到总的摩擦力,并将其均布作用在接触面上。对制动鼓做上述加载后通过 ANSYS 计算可得到其变形云图和压力云图。

加载计算后的制动器变形云图如图 4-51 所示。由于制动蹄的上部受到促

图 4-51 制动器的变形云图

动力和摩擦力共同作用,制动蹄绕转轴靠近制动鼓,使得摩擦衬片与制动鼓接触,在接触面产生压力的同时也产生了摩擦力。制动鼓变形云图如图4-52所示。由于蹄的上部受到促动力,蹄绕转轴靠近制动鼓,使得摩擦衬片与制动鼓接触,在接触面产生压力的同时也产生了摩擦力。在制动鼓静止时,因为促动力位置在上部,使得接触面的压力由上到下慢慢减小,如图4-53所示,从而使得摩擦力也由上到下慢慢减小,如图4-54所示。

图4-52　制动鼓的变形云图

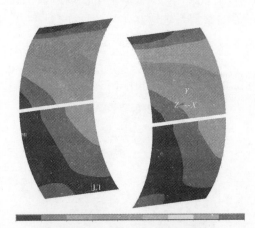

图4-53　接触面压力分布云图

通过计算得出,没有布置孔腔和布置孔腔的制动鼓最大应力分别为18.757MPa和27.135MPa,都远远小于材料的许用压应力160MPa,这说明布置孔腔后的制动鼓仍能满足强度的要求;没有布置孔腔和布置孔腔的制动鼓最大变形量为0.0782mm和0.1215mm,制动鼓的变形很小,这说明布置孔腔后的制

图 4-54　接触面摩擦力分布云图

动鼓仍能满足刚度要求。因此,将颗粒阻尼器应用于汽车制动鼓减振研究,在强度和刚度方面是可行的。

4.2.3　制动鼓振动特性实验方案

在鼓式制动器中使用颗粒阻尼技术的目的是增加制动鼓阻尼,以达到减振效果。本小节对制动鼓进行激振实验,实验测试系统如图 4-55 和图 4-56 所示,制动鼓以类似固连于车轮的方式利用螺栓固定于实验台。单摆为激励源,通过调节摆球的撞击速度可以得到不同的激振力,在制动鼓上任意选取两点(一个为激振点,另一个为拾振点),在激振点处放置力传感器、拾振点处放置加速度传感器,并在采集软件中设置一基准电平,当摆锤敲击到制动鼓上时,力传感器由于受到冲击力而产生电平信号,当电平信号的值超过基准值时,加速度传感器开始拾振,经由电荷放大器和采集仪测取时域振动响应信号。本小节主要研究颗粒填充率、颗粒材料、激振力幅值等对制动鼓第 1 阶和第 2 阶振动特性的影响。由于目前还不具备制动鼓在旋转状态振动特性的实验测试条件,另外本书的主要目的是研究颗粒阻尼器对制动鼓振动特性的影响,实验中采用激振器沿制动鼓径向施加激振力以使其产生较大的振动幅度,便于分析研究。具体实验内容如下。

(1)填充颗粒为直径 3mm 的钢球。

(2)颗粒填充率分别为 0、30%、50%、70% 和 90%。

(3)振力幅值分别取 1N、2N、3N 和 4N。

(4)测试振型为一阶振型、二阶振型。

各种工况实验的激振点和拾振点保持不变,其中激振点和拾振点的位置参考图 4-36 所示的 30 号点和 40 号点。

图 4-55　制动鼓振动测试系统实物

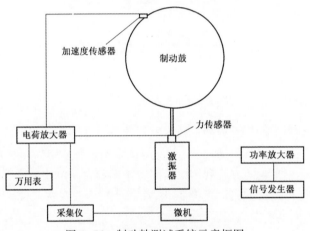

图 4-56　制动鼓测试系统示意框图

利用半功率带宽法可以近似求得各阶模态阻尼比的过程如下:在对系统的第 r 阶模态参数进行识别时,系统频响函数的第 r 阶模态相当于某个单自由度系统加上剩余频响函数。这里,剩余频响函数反映的是其他阶次模态对第 r 阶模态的影响,当模态稀疏或结构的阻尼较小时,剩余频响函数的值相对较小。因此,当系统模态稀疏时,第 r 阶模态可近似看作一个单自由度系统,从而其模态参数可以利用单自由度系统的有关计算公式近似得到。在实验状态不变的条件下,比较拾振点在选用颗粒阻尼器不同参数状况下的模态阻尼比,经过分析研究,可得到颗粒阻尼器对制动鼓结构阻尼的影响规律。

4.2.4　参数对颗粒阻尼制动鼓减振性能的影响

1. 实验结果分析

通过有限元计算分析得知在制动鼓上布置 40 个直径 8mm、深 90mm 的孔

138

时,不会影响制动鼓的强度和刚度要求,而且根据实验内容,先在鼓上布置 40 个直径 6、深 90mm 的孔进行实验,然后进行扩孔,获得 40 个直径 8、深 90mm 的孔洞再进行实验。

实验的填充材料为:尺寸大于 100 目的铁颗粒和铅颗粒;填充率分别为 30%、50%、70% 和 90%。100% 填充率定义为在自由密实状态下,材料完全填充满时的孔洞。摆球速度冲击制动鼓前的速度设定为 6 种,由小到大,最小为 0.3012m/s,最大为 0.9035m/s,则每种材料在一种填充率下测 6 种速度,每种速度下测 5 次,然后得到 5 次平均后的数据,利用平均处理后的数据进行自谱分析,各种工况的结果如图 4-57~图 4-72 所示。

1) 10 孔时前两阶模态阻尼比随摆球速度变化的曲线(图 4-57~图 4-60)

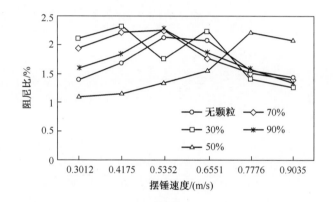

图 4-57 10 孔-ϕ6mm 时铁颗粒一阶阻尼比变化曲线

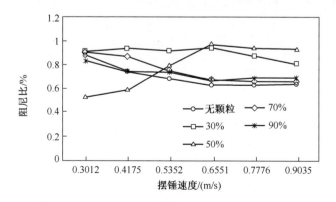

图 4-58 10 孔-ϕ6mm 时铁颗粒二阶阻尼比变化曲线

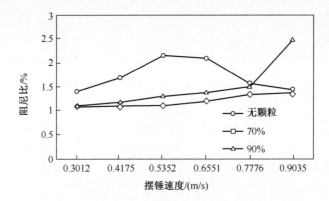

图 4-59 10孔-φ6mm时铅颗粒一阶阻尼比变化曲线

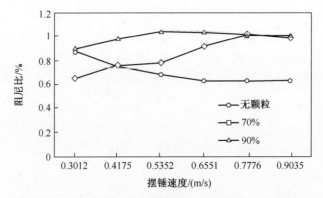

图 4-60 10孔-φ6mm时铅颗粒二阶阻尼比变化曲线

2）20孔时前两阶模态阻尼比随摆球速度变化的曲线（图4-61~图4-64）

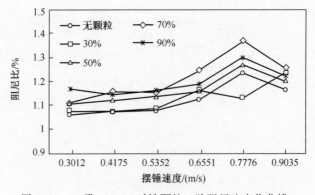

图 4-61 20孔-φ6mm时铁颗粒一阶阻尼比变化曲线

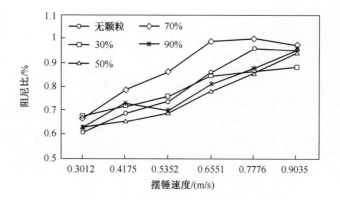

图 4-62　20孔-ϕ6mm时铁颗粒二阶阻尼比变化曲线

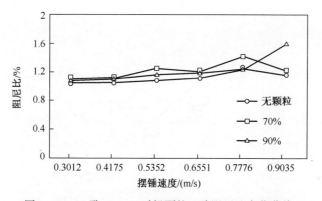

图 4-63　20孔-ϕ6mm时铅颗粒一阶阻尼比变化曲线

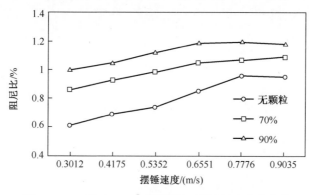

图 4-64　20孔-ϕ6mm时铅颗粒二阶阻尼比变化曲线

3）40孔-φ6mm时前两阶模态阻尼比随摆球速度变化的曲线（图4-65~图4-68）

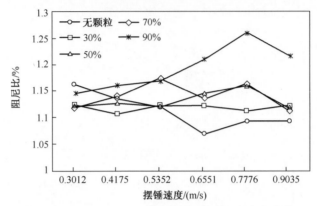

图4-65　40孔-φ6mm时铁颗粒一阶阻尼比变化曲线

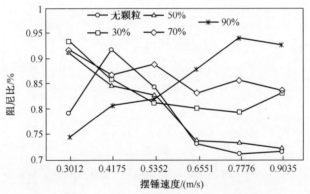

图4-66　40孔-φ6mm时铁颗粒二阶阻尼比变化曲线

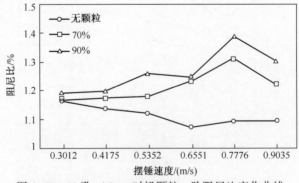

图4-67　40孔-φ6mm时铅颗粒一阶阻尼比变化曲线

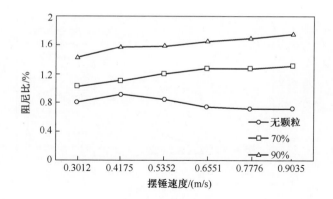

图 4-68　40 孔-ϕ6mm 时铅颗粒二阶阻尼比变化曲线

4）40 孔-ϕ8mm 时前两阶模态阻尼比随摆球速度变化的曲线（图 4-69 ~ 图 4-72）

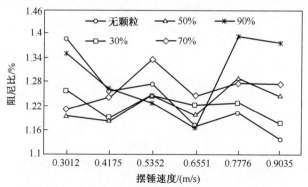

图 4-69　40 孔-ϕ8mm 时铁颗粒一阶阻尼比变化曲线

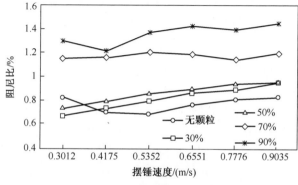

图 4-70　40 孔-ϕ8mm 时铁颗粒二阶阻尼比变化曲线

143

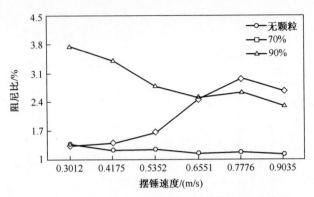

图 4-71 40 孔-ϕ8mm 时铅颗粒一阶阻尼比变化曲线

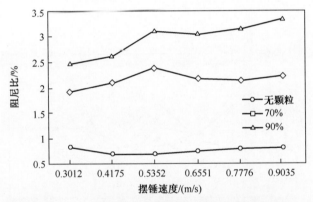

图 4-72 40 孔-ϕ8mm 时铅颗粒二阶阻尼比变化曲线

由图 4-57~图 4-72 可以看出以下几点。

（1）在上述实验中,布置颗粒阻尼器后制动鼓一阶模态阻尼比最大增大到 200%左右（图 4-71）,制动鼓二阶模态阻尼比最大增大到 600%左右（图 4-72）。

（2）在同一材料下分别比较制动鼓一阶与二阶的模态阻尼比,可知小颗粒材料在高频段减振效果比低频段好,这是由于颗粒的直径比较小,减振时摩擦耗能比冲击耗能起的作用大。

（3）比较制动鼓同一模态下不同材料产生的模态阻尼比,可以看出铅粉比铁粉的减振效果好,是由于铅颗粒间的摩擦系数大和碰撞恢复系数小的原因。

（4）分别对比在同一材料、同一模态和同一填充率下不同孔径时制动鼓的模态阻尼比,可以看出孔径大的减振效果好。

（5）在一阶模态下,同一孔径、同一材料和同一填充率时,并非激振力越大

144

制动鼓的模态阻尼比越大;而同一孔径、同一材料和同一激振力时,制动鼓模态阻尼比最大时并不一定填充率最大。这是由于颗粒在孔洞里振动时,摩擦耗能和冲击耗能之和在一定激振力、填充率条件下有个最优值,即激振力一定的情况下填充率过大时,虽然摩擦耗能消耗能量增大了,但颗粒运动空间变小,冲击消耗的能量变小,系统总的耗能变小了,反之亦然。在填充率一定的情况下,激振力过大则使冲击耗能增加,摩擦耗能相对减小,反之亦然。

(6) 在二阶模态下,同一孔径、同一材料和同一填充率时,制动鼓模态阻尼比变化具有一定规律,特别是在摆球速度大于 0.6551m/s 时,制动鼓模态阻尼比随激振力的增大而增大;而且同一孔径、同一材料和同一激振力时,制动鼓模态阻尼比大体上随填充率增大而增大。

2. 仿真与实验结果对比

本节采用第 2 章提出的耦合仿真算法对带颗粒阻尼器制动鼓的振动特性进行仿真计算,得到制动鼓响应随参数的变化关系,并将仿真结果与实验结果进行比较。各种工况仿真过程中激振点和拾振点位置与实验一致。实验中一、二阶激振力频率范围(参考模态实验得到的无颗粒阻尼器时,制动鼓的前两阶固有频率)分别选取 225~255Hz 和 580~700Hz。

下面分别讨论各参数影响制动鼓结构减振效果的规律。主要研究制动鼓测点的响应均方根值与参数的关系,制动鼓的响应均方根值越小说明其减振效果越好。

1) 颗粒填充率的影响

沿制动鼓周缘等间距布置 10 个直径为 8mm、深度为 90mm 孔腔,当激振力幅值为 2N 时,得到的仿真结果和实验结果如图 4-73 和图 4-74 所示。图 4-73 和图 4-74 分别为填充直径为 3mm 钢球颗粒时,拾振点的响应均方根值与激振频率的关系曲线,由这两幅图可得到各种颗粒填充率下制动鼓的一、二阶共振频率;激振力频率为制动鼓一、二阶共振频率时,各种激振力幅值下拾振点的响应与填充率的关系如图 4-73 和图 4-74 所示。从图 4-73 和图 4-74 中可以看出,在制动鼓发生一阶共振且其他参数相同时,颗粒填充率为 70% 左右的系统减振效果最好,这与平板结构有着一致的结论;在制动鼓发生二阶共振且其他参数相同时,颗粒填充率为 90% 左右的系统减振效果最好。这说明在设计颗粒阻尼器时,要充分考虑需增加阻尼的阶次;否则难以达到最佳减振效果。

从图 4-75 中可以看出,在不同幅值的正弦激振力作用下,制动鼓发生一阶共振时(共振频率的确定方法与带颗粒阻尼器平板结构共振频率的确定方法类似),当颗粒填充率为 70% 时,系统都达到最好的减振效果;激振力幅值为 1N、2N、3N、4N 时,对应的制动鼓响应均方根值最大降低了 52%、61%、62%、62%,说

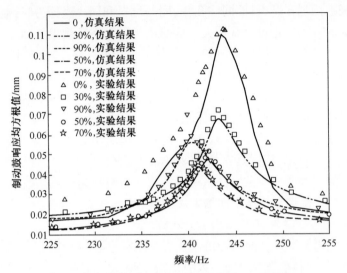

图 4-73　制动鼓仿真与实验结果比较(一阶共振)

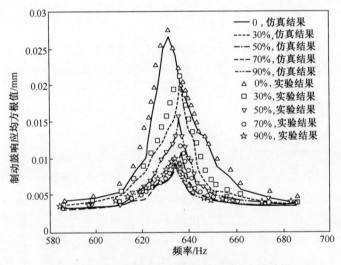

图 4-74　制动鼓仿真与实验结果比较(二阶共振)

明在共振频率处颗粒阻尼器能有效降低制动鼓响应。

　　从图 4-76 可以看出,在不同的正弦激振力作用下,制动鼓发生二阶共振时,当颗粒填充率为 90% 时,系统达到最好的减振效果。通过与图 4-75 的比较可以发现,颗粒填充率对制动鼓不同阶次共振条件下减振效果的影响规律是不同的,因此在设计颗粒阻尼器时,要根据需要重点减振的频带范围来确定合适的颗粒填充率。

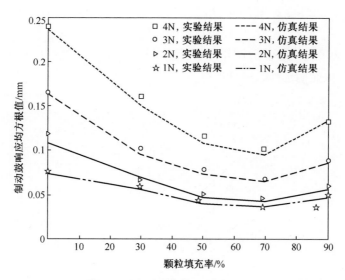

图 4-75　不同激振力下制动鼓响应与填充率的关系（一阶共振）

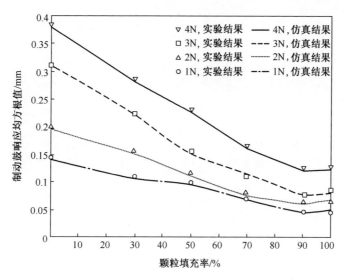

图 4-76　不同激振力下制动鼓响应与填充率的关系（二阶共振）

从图 4-73~图 4-76 可以看出，计算结果与实验结果具有很好的一致性，进一步证实了制动鼓有限元模型及仿真算法的正确性，鉴于此本章以后各节只通过数值仿真计算来研究制动鼓响应均方根值与其他参数的关系。

2）颗粒密度的影响

激振力幅值为 3N，激振力频率为一、二阶共振频率时，制动鼓响应与颗粒密度之间的关系如图 4-77 和图 4-78 所示。从图中可以看出,其他参数相同,当制动鼓发生一、二阶共振时,颗粒阻尼器的减振效果都是随着颗粒密度增加而变得更好。这为颗粒阻尼器的设计提供了一条设计原则:在选择填充颗粒阻尼器的颗粒时,尽可能地选择大密度颗粒。

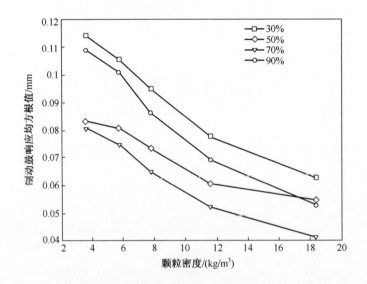

图 4-77　不同填充率下制动鼓响应与颗粒密度的关系(一阶共振)

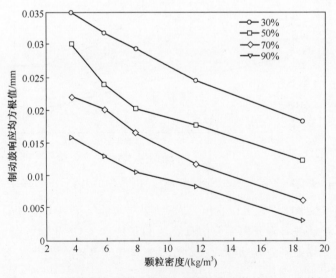

图 4-78　不同填充率下制动鼓响应与颗粒密度的关系(二阶共振)

3）孔腔直径的影响

激振力幅值为3N，调整激振力频率使制动鼓发生一、二阶共振，此时制动鼓响应与孔腔直径的响应关系如图4-79和图4-80所示。

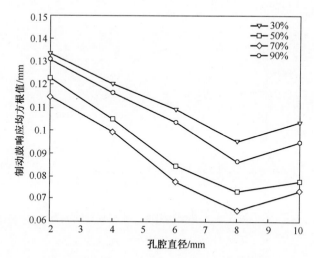

图4-79　不同填充率下制动鼓响应与孔腔直径的关系（一阶共振）

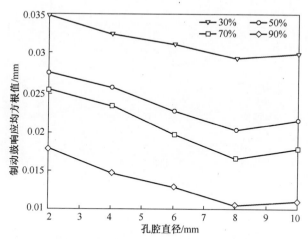

图4-80　不同填充率下制动鼓响应与孔腔直径的关系（二阶共振）

从图4-79和图4-80中可以看出，在其他参数相同的情况下，当制动鼓发生一、二阶共振时，颗粒阻尼器的减振效果在孔腔直径为8mm时，系统达到了最佳的减振效果。设计颗粒阻尼器孔腔直径时要考虑可能存在的最优尺寸。

4）孔腔数量的影响

激振力幅值为3N，调整激振力频率使制动鼓发生一、二阶共振，此时制动鼓的响应与孔腔数量的关系如图 4-81 和图 4-82 所示。

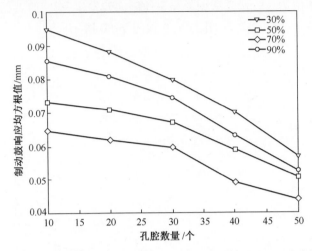

图 4-81　不同填充率下制动鼓响应与孔腔数量的关系(一阶共振)

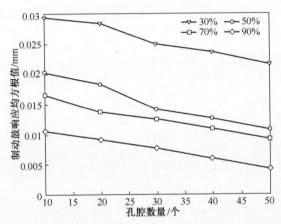

图 4-82　不同填充率下制动鼓响应与孔腔数量的关系(二阶共振)

从图 4-81 和图 4-82 中可以看出,在其他参数相同的情况下,当制动鼓发生一、二阶共振时,颗粒阻尼器的减振效果都是随着孔腔数量增加而变得更好。说明在汽车制动鼓上施加颗粒阻尼器时,应该在满足刚度和强度的条件下尽可能地增加孔腔数量。

4.2.5　制动鼓旋转状态振动特性

1. 响应与转速的关系

本小节将对带颗粒阻尼器制动鼓在旋转状态下的振动特性进行仿真分析。

孔腔直径为 8mm、深度为 90mm,颗粒填充率为 70%,填充颗粒为直径 2mm 钢球,正弦激振力幅值为 2N,调整激振力频率使制动鼓发生共振,研究此时各种孔腔数量下制动鼓响应随转速的变化规律。假设制动鼓转速范围为 0~500r/min,由于旋转制动鼓结构的共振频率随转速改变而改变,本书激振力频率分别为各转速下的一、二阶共振频率。旋转制动鼓在激振力作用下的响应曲线分别如图 4-83 和图 4-84 所示,可以看出,不同数量的颗粒阻尼器对各阶振动的抑制规律基本一致,即在转速较低时抑制效果好,随着转速的提高抑制效果逐渐减弱,在制动鼓转速达到 100r/min 时,颗粒阻尼仍有明显的减振效果,随转速提高减振效果趋于稳定;制动鼓一、二阶响应在转速较低时较小,但随着转速增加而增加,在转速达到一定值时转速对响应的影响趋于稳定。其原因是:在转速低时颗粒受到的离心力小,颗粒能充分发生摩擦和碰撞,以此来消耗制动鼓的能量,随着转速的提高,由于离心力变大,颗粒之间的压紧力增加,因而颗粒之间的约束增加,因此在耗能机制中碰撞耗能大幅减少,颗粒阻尼表现出的阻尼减少,振动响应变大;在转速达到一定值时,颗粒在较大离心力作用下变得不活跃,颗粒间、颗粒与孔壁间几乎无碰撞,颗粒与旋转制动鼓的相对速度小,当结构在激励下发生弹性变形时颗粒在孔壁的推动下颗粒间、颗粒与孔壁间发生位移和摩擦,因此仍表现出比结构本身大的阻尼。

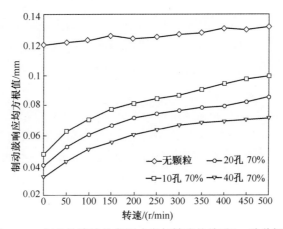

图 4-83　制动鼓旋转状态下响应与转速的关系(一阶共振)

2. 颗粒对不平衡的影响

尽管颗粒阻尼器可使旋转制动鼓结构的阻尼提高、振幅降低,但颗粒阻尼器的施加有可能使旋转制动鼓结构的动不平衡量增加,从而有可能引起制动鼓的振动量增加问题,因此应给予重视。在制动鼓启动、加速时,颗粒在离心力作用下有向外运动的趋势。当离心力克服重力后,颗粒向外运动并聚积,在此过程中由于各个孔腔中颗粒的聚积程度不同,会影响旋转制动鼓的不平衡;但当转速较大时,颗粒在制动鼓中有较大的离心力时,制动鼓中颗粒产生的离心力基本一致,可以推断此时颗粒的分布对旋转制动鼓结构不平衡影响较小。因此,为减小颗粒分布的不均匀对旋转制动鼓结构不平衡量的影响,需考虑采取以下措施。

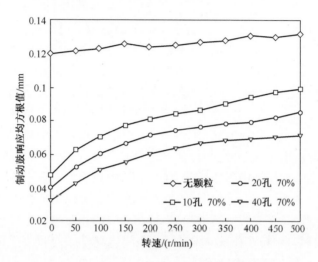

图 4-84　制动鼓旋转状态下响应与转速的关系(二阶共振)

(1) 尽量保证在离心力作用下的颗粒在整个制动鼓结构上分布均匀。这样做可使旋转状态下,颗粒在离心力作用下聚积在一起时,旋转制动鼓由颗粒分布引起的动不平衡尽量小。但在启动过程中,颗粒尚未聚积时会产生一定动不平衡量。

若颗粒的半径为 R,颗粒未发生聚积的最高转速为 $n = \dfrac{30}{\pi}\sqrt{\dfrac{g}{R}}$ r/min, 即若 $R = 0.4$, 即 $n > 50$ r/min 时,颗粒在离心力作用下向外运动发生聚积,并随转速增大颗粒互相挤压更紧。由于不发生聚积的转速较低,启动后颗粒很快聚积,动不平衡量减少,因此若布置合理,可以有效减小颗粒阻尼器导致的对制动鼓振动的影响。

(2) 为减少颗粒运动过程中的挤塞,进而影响到旋转制动鼓的动平衡,颗粒阻尼器宜采用球状颗粒,并且应选择直径较小颗粒。

(3) 颗粒阻尼器的孔腔要分散。在制动鼓上分散布置孔腔,可以使每个孔腔中的颗粒较少,因此颗粒减少运动时的挤塞,使得其在孔腔中运动更通畅,从而有效地与其他颗粒或孔壁碰撞、摩擦消耗振动能量、提高阻尼。

(4) 应使颗粒表面及孔壁的表面光滑,这样可在制动鼓启动增速过程中,所有颗粒在离心力作用下同时向外运动顺畅,不发生挤塞。若发生挤塞,各孔腔的挤塞不可能完全一致,这必然导致不平衡量增加。

4.3 被动颗粒阻尼结构功率流特性

减振理论需要解决的问题：一是减振系统的动力学建模及减振设计的优化与效果预测；二是减振效果的评估方法。这两个问题是密切关联的，减振效果评估方法的确立应以减振系统建模及相应分析为基础，而减振设计优化与效果预测必须在减振效果评估方法确立之后才能进行。振动功率流是 20 世纪 70 年代被引入的一个重要减振效果评估指标，它是描述振动能量在结构中传递的重要物理量，其空间分布可以确定振动的主要传播途径等振动能量信息，对振动分析和噪声控制具有重要的指导意义。

作为能量分析方法中两个密切相关的方法，即统计能量分析法（SEA）和功率流方法，虽然功率流方法是从统计能量分析法派生出来并成为相对独立的一种方法，但二者的发展是相辅相成的。模态分析方法、有限元分析方法和传递函数分析方法是振动分析的基本方法，但它们都不能提供足够的信息以确定结构中能量的分布和传输途径；统计能量分析法主要研究结构间的能量传输，同样不能提供结构中的能量分布和传播途径，功率流方法的出现恰好弥补了上述不足。

功率流分析法的基本应用是隔振效果的评估，隔振系统效果的评估是隔振理论研究的核心问题[20]。经典隔振理论中，常用力传递率或振级落差标准来评价隔振效果，人们逐渐发现力传递率或振级落差存在不全面的问题。特别对于多个支撑的情况，无法采用一个量同时评价各个隔振器的总隔振效果[21]。只能逐个隔振器进行评估，因此存在顾此失彼的现象。功率流是一个矢量，经各个隔振器流入基础的能量可以直接相加，可以用一个量评估，其优点有：①同时考虑了结构上的力和速度两个量值，这两个量反映了结构的阻抗特性，对柔性结构的分析十分有效；②将振动源提供的功率、系统损耗功率、结构储能变化率相互联系起来，易于理解振动传输机理；③表明通过一个支点或一个隔振器对结构振动能量的输入，便于了解系统内部的能量分布，有利于隔振系统的设计；④统一了振动控制评价方法，即减小振源输入结构的功率流，在振动传输途径上设法降低和控制振动能量的传递。总之，这 50 年来，功率流的研究势头一直没有减弱，在其发展过程中，不断生成新的研究分支，涌现出新的活力。

本节通过对带有颗粒阻尼器的平板和制动鼓结构进行功率流特性分析，为类似平板结构及其组合构件的振动能量分布和传输研究提供理论基础，也为汽车制动鼓的减振降噪分析提供新的途径。本节所分析的平板和制动鼓的几何和物理模型与前面章节一致。

4.3.1 结构功率流计算方法

功率为单位时间内外力做的功,其大小等于力和速度的乘积。功率流为单位时间内通过垂直于波传播方向上单位面积的能量,它是一个矢量,既有大小又有方向。振动功率流理论是功率概念在振动分析领域的拓展。功率流法突出了能量在结构本身和结构之间传递的这一特性。"功率流"概念的引入为解决振动能量的分布和传播途径提供了一种绝对量度,便于从能量角度清晰地了解能量在结构中的传播实现,从而为通过截断传播途径以控制振动和噪声奠定基础[22]。当功率流进入结构减振领域后,在许多研究过程中,研究者将对结构振动和噪声的研究控制转移到了对结构中功率流的研究和控制上。

功率流理论的优点:其概念给出了振动传输的绝对度量,它既包含力和速度的幅值大小,也考虑了它们之间的相位关系,功率流的密度可以在结构上各点通过测量获得,从而能了解系统内部的能量分布情况;对振动系统进行功率流分析,易于理解振动传输机理,可以将振源功率、系统损耗功率、结构储能变化率和波动功率流相互联系起来进行研究;对各种减振方法,都可统一采用功率流理论进行解释,即减小振源输入结构的功率流,在振动传输路径上设法降低和控制传递的能级。

1. 简谐激励的功率流一般表达式

一般结构的输入功率如图 4-85 所示,设 $F(t)$ 为作用于结构某点的作用力,$v(t)$ 为该点对应的速度响应,则输入结构的瞬时功率为

$$P = F(t)v(t) \tag{4-23}$$

功率通过结构的某一截面进行传播可视为一种强度流,因此可将其称为功率流,通常用功率的时间平均值来描述,即

$$P = \lim_{T \to \infty} \frac{1}{T} \int_0^T F(t)v(t)\,\mathrm{d}t \tag{4-24}$$

式中:T 为一个周期。

当激振力 $F(t)$ 为简谐力时,系统的速度响应 $v(t)$ 也为简谐函数。此时激振力和响应速度可以表示为 $F = |F|\mathrm{e}^{\mathrm{j}\omega t}$,$v = |v|\mathrm{e}^{\mathrm{j}\omega(t+\phi)}$,代入式(4-24),得到功率的表达式为

$$P = \frac{\omega}{2\pi} \int_0^{2\pi/\omega} \mathrm{Re}[F] \cdot \mathrm{Re}[\boldsymbol{v}]\,\mathrm{d}t = \frac{1}{2}\mathrm{Re}[Fv] \tag{4-25}$$

式中:Re[ ]表示取实部。

2. 板结构的功率流表达式

功率流为单位时间内通过垂直于波传播方向的单位面积上的能量,它是一

154

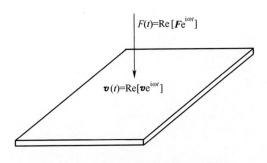

$$F(t) = \text{Re}[\boldsymbol{F}e^{i\omega t}]$$

$$\boldsymbol{v}(t) = \text{Re}[\boldsymbol{v}e^{i\omega t}]$$

图 4-85 一般结构的输入功率示意图

个矢量,既有大小又有方向。板的输入功率流表达式与一般结构输入功率流表达式完全相同。根据弹性力学理论,取出板单元进行受力分析,如图 4-86 所示。M_{xy}、M_x、Q_x 分别为作用在图中 x 面上的扭矩、弯矩和剪力,M_{yx}、M_y、Q_y 则表示 y 面上的扭矩、弯矩和剪力。

各内力可以用结构响应表示为

$$Q_x = -D \frac{\partial}{\partial x} \nabla^2 w \tag{4-26}$$

$$Q_y = -D \frac{\partial}{\partial y} \nabla^2 w \tag{4-27}$$

$$M_x = -D \left(\frac{\partial^2 w}{\partial x^2} + \gamma \frac{\partial^2 w}{\partial y^2} \right) \tag{4-28}$$

$$M_y = -D \left(\frac{\partial^2 w}{\partial y^2} + \gamma \frac{\partial^2 w}{\partial x^2} \right) \tag{4-29}$$

$$M_{xy} = M_{yx} = -D(1 - \gamma) \frac{\partial^2 w}{\partial x \partial y} \tag{4-30}$$

式中:w 为挠度;γ 为泊松比;D 为板的刚度。

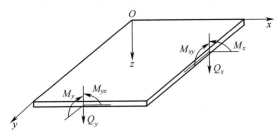

图 4-86 板单元受力示意图

板的转动角速度可以表示为

$$\begin{cases} \dot{\theta}_x = \dfrac{\partial^2 w}{\partial x \partial t} \\[3mm] \dot{\theta}_y = \dfrac{\partial^2 w}{\partial y \partial t} \end{cases} \tag{4-31}$$

根据功率流的基本表达式,可以得到板上任意一点功率流的表达式为

$$\begin{cases} P_x = (Q_x \cdot \dot{w})_t + (M_x \cdot \dot{\theta}_y)_t + (M_{xy} \cdot \dot{\theta}_x)_t \\[2mm] \quad = \dfrac{1}{2}\mathrm{Re}[Q_x \, \bar{\dot{w}}] + \dfrac{1}{2}\mathrm{Re}[M_x \, \bar{\dot{Q}}_y] + \dfrac{1}{2}\mathrm{Re}[M_{xy} \, \bar{\dot{Q}}_x] \\[3mm] P_y = (Q_y \cdot \dot{w})_t + (M_y \cdot \dot{\theta}_x)_t + (M_{yx} \cdot \dot{\theta}_y)_t \\[2mm] \quad = \dfrac{1}{2}\mathrm{Re}[Q_y \, \bar{\dot{w}}] + \dfrac{1}{2}\mathrm{Re}[M_y \, \bar{\dot{Q}}_x] + \dfrac{1}{2}\mathrm{Re}[M_{yx} \, \bar{\dot{Q}}_y] \end{cases} \tag{4-32}$$

式中:Re[ ]表示取实部;上标"-"表示取共轭。

因为功率流是矢量,从而得到

$$\boldsymbol{P} = P_x \boldsymbol{i} + P_y \boldsymbol{j} \tag{4-33}$$

颗粒阻尼器中颗粒间以及颗粒与孔壁间的摩擦和冲击是其产生阻尼的主要原因,这些运动必然会对结构产生附加作用力。但从宏观的角度来看,颗粒阻尼可视为一种附加于结构中的耗能结构,而颗粒间的这些运动都是其耗能过程的具体体现,所以颗粒对于系统能量的消耗可以通过阻尼比得到形象地体现。

4.3.2 颗粒阻尼平板结构功率流特性

本小节将针对第3章和本章的带颗粒阻尼器平板结构和制动鼓进行分析,研究各物理参数和几何参数对功率流的影响,为进一步优化带颗粒阻尼器结构提供一种新的思路。

谐响应用于分析持续的周期载荷在结构系统中产生的持续周期响应(谐响应),以及确定线性结构承受随时间按正弦(简谐)规律变化的载荷时稳定响应的一种技术。

谐响应分析采用3种方法,即 Full(完全法)、Reduce(缩减法)、Mode Superposition(模态叠加法),3种方法各有优缺点。Reduce 法通过采用主自由度和缩减矩阵来压缩问题规模,采用 Frontal 求解器,速度比 Full 法更快,但是只计算出主自由度的位移,要得到完整的位移、应力和力的解则需执行扩展处理,而且所有载荷必须施加在用户定义的主自由度上。Mode Superposition 法通过对模态分析得到的振型(特征向量)乘以参与因子并求和来计算结构的响应,因此比 Reduce 法和 Full 法更快,但是初始条件中不能有预加的载荷。

带颗粒阻尼的平板以及下文中将要介绍的制动鼓功率流的计算中,结构的位移、应力和应变是求解功率流的必要参数。Full 法采用完整的系统矩阵,不关心如何选取主自由度和振型,也不涉及质量矩阵的近似,可以得到平板和制动鼓功率流计算所需的所有位移、应力和应变,且现有的计算机系统硬件设备为 Full 法的使用提供了保障,故采用 Full 法对带颗粒阻尼的平板及制动鼓结构进行谐响应分析。仿真基本步骤如下。

(1) 将第 3 章中平板模型导入 ANSYS,此模型的正确性之前已经通过模态实验得到了验证。测出填充颗粒的质量,按均布质量的方式在模型的材料参数中对模型进行修改。同时输入模型的其他特性参数及边界约束条件。

(2) 在 Harmonic 模块中选择 Full 法进行谐响应分析,结果以幅值相角的形式输出,正弦激振力以阶跃加载(Stepped)的方式施加给模型。定义载荷步时,由于颗粒阻尼的非线性特性,所以采用类似模态实验中扫频的方法,将结构共振频率附近分为若干与模态阻尼比实验相对应的区域,其中阻尼比则按相应实验所得的阻尼比输入,求出其振动响应。

(3) 在时间历程后处理器中定义计算功率流所需的变量,其中应力、位移等基本响应变量可以直接从结果文件中提取,再按平板功率流的基本理论计算得到拾振点处各向功率流值,得到总的功率流值。

本小节研究的带有颗粒阻尼器平板为薄板结构,几何尺寸为长 250mm、宽 60mm、厚 5mm,材料为铸钢,打孔方式为无孔和横向 5 孔(在平板 60mm×5mm 的截面上打直径为 3.5mm 的孔,孔间距为 10mm、深 50mm)。它满足薄板小挠度弯曲近似理论的基本假设。

(1) 变形前垂直于中面直线,变形后仍为直线,且垂直于变形后的中面,并保持其原长。

(2) 与中面平行的各面上的正应力与其他应力相比是小量。

(3) 薄板中面内各点都平行于中面的位移。

由于研究对象是薄板结构,故可以忽略剪切变形和转动惯量的影响。

颗粒阻尼器中颗粒之间以及颗粒与孔壁之间的摩擦和冲击是其产生阻尼的主要原因,这一运动必然会对结构产生附加作用力。但从宏观的角度来看,颗粒阻尼是一种附加于结构中的耗能材料,而颗粒间的这些运动都是其耗能过程的具体体现,所以颗粒对于系统能量的消耗可以通过阻尼比这一实验参数得到体现。由于颗粒阻尼是散体而且颗粒细小,可以认为颗粒阻尼只是通过自身的重量和阻尼比来影响薄板结构的振动,而不改变结构的刚度。

质量的影响:因为颗粒阻尼是散体颗粒,而且颗粒形状不规则,所以颗粒在结构孔中的排列是有空隙存在的。即使在完全密实的情况下,某填充颗粒的体积也要小于其填充空间的体积。假设颗粒阻尼在沿长度方向均匀排列,可以认为颗粒阻尼器每一截面处的截面面积近似相等,则颗粒阻尼器的截面面积加上颗粒间空隙的面积才等于实际填充孔的截面面积。但是当颗粒阻尼器中颗粒体积占填充孔体积的 62.5% 时,颗粒阻尼器的颗粒都相互接触,没有活动间隙,也就是说此时的填充率为 100%,这为计算颗粒阻尼器的填充质量提供了理论参考值,但是本书是以实际测量值为依据,换算出颗粒阻尼器单位长度的质量,在有限元分析时通过赋予模型不同的密度参数来考虑其影响的。

阻尼比的影响:颗粒阻尼是一种新型阻尼材料,其耗能能力与激振力大小、材料密度、颗粒粒径和填充率都有着密切关系,阻尼比是衡量其耗能能力的重要参数,但是目前还没有经验公式来描述这一复杂的物理量。所以,只能通过模态实验测得结构在填入特定材料、填充比的颗粒后,一定激振力下的阻尼比,并将其作为计算结构响应及功率流分析中的重要参数。

由于本书研究的是布置颗粒阻尼器的平板结构,所以将颗粒阻尼器的阻尼特性作为平板结构的整体阻尼添加到有限元模型中。

功率流是矢量,既有大小又有方向,功率流幅频图可以清楚地反映结构某一位置能量值的大小随频率的变化规律。

将平板结构按图 4-87 所示划分,得到 98 个点作为功率计算的响应点。

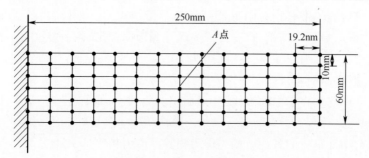

图 4-87 平板响应点的分布

归一化功率流的值是在功率流实际值的基础上进一步计算得出的,即

$$Q = \lg\left(\frac{P}{|F|^2}\right) \tag{4-34}$$

由于结构在共振频率附近时的振动往往比远离共振频率大出很多,而功率流与结构振动点的力与速度有着直接联系,它与力和速度相比是高阶小量,因此在整个频率范围内共振和非共振时的功率流的数量级可能相差很大,归一化功率流对其进行对数处理可以有效减少其数值范围,便于分析。

共振时响应点的功率流是衡量颗粒阻尼减振效果的重要参数,现将仿真所得的各材料、填充率、激振力下结构一、二阶振动的功率流按式(4-34)进一步计算,得出相应点的归一化功率流值,如表4-12所列。

表4-12　各种颗粒阻尼参数下平板共振的归一化功率流　（dB）

阶次	材料	激振力 填充率/%	0.4N	0.8N	1.2N	1.6N	2.0N
一阶	无颗粒	0	-2.42	-2.78	-3.43	-3.99	-4.12
	碳化钨	30	-2.62	-3.17	-4.07	-4.41	-4.68
		50	-3.06	-3.81	-3.66	-4.62	-4.39
		70	-3.67	-4.06	-5.54	-5.36	-5.68
		90	-2.71	-3.34	-4.29	-4.96	-5.15
	铁粉	30	-2.55	-2.89	-3.61	-4.45	-4.56
		50	-2.91	-4.03	-3.85	-4.58	-4.51
		70	-3.24	-4.32	-4.17	-5.06	-4.97
		90	-2.66	-3.21	-4.01	-4.27	-4.88
二阶	无颗粒	0	-3.26	-3.71	-4.06	-4.52	-4.61
	碳化钨	30	-4.01	-4.66	-5.19	-5.26	-5.41
		50	-4.27	-4.94	-4.77	-5.11	-5.23
		70	-4.48	-5.25	-5.44	-5.98	-5.81
		90	-4.38	-4.63	-5.21	-5.69	-5.78
	铁粉	30	-3.79	-4.09	-4.47	-4.63	-4.81
		50	-4.12	-3.96	-4.67	-5.03	-4.97
		70	-4.26	-5.13	-5.01	-5.22	-5.41
		90	-4.13	-4.43	-4.72	-4.91	-5.06

填充碳化钨颗粒,颗粒填充率为30%、激振力幅值为3N,激振点位置参考图4-36,激振力频率为一、二阶共振频率,此时带颗粒阻尼器平板的功率流分布如图4-88和图4-89所示。

从图4-88和图4-89中可以看出平板共振时的振动能量分布情况。将它们与有限元分析和模态实验获得的平板共振时的振型图对比可以看出,平板各阶共振时的功率流分布与振幅分布并没有必然联系。

下面分析颗粒阻尼器各主要参数对拾振点功率流特性的影响,激振点位置保持不变。

1) 激振力幅值对功率流的影响

图4-90所示为填充30%碳化钨的系统在不同幅值的激振力下功率流的实

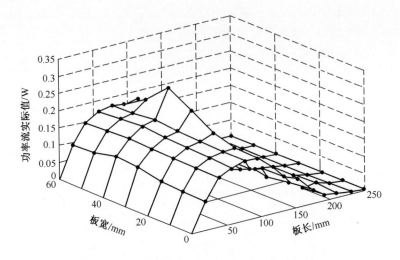

图 4-88　平板结构在一阶共振频率下的功率流分布

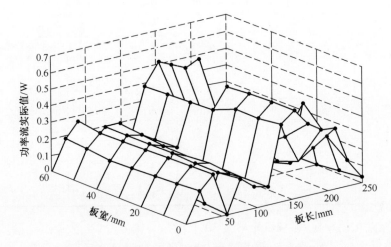

图 4-89　平板结构在二阶共振频率下的功率流分布

际值随频率变化的曲线。图 4-91 所示为上述情况下系统的归一化功率流的数值。

　　在前面的颗粒阻尼平板阻尼比实验中得出,平板各阶阻尼比随激振力幅值的增加而增加,但二者并非线性关系。从图 4-90 中可以看出,平板的功率流在 1.2N 的中间激振力下达到最小值,这是由于颗粒在孔洞中振动时,摩擦耗能和冲击耗能之和在一定的激振力、填充率下有个最优值,即不能单纯地研究激振力幅值的影响。从图 4-91 中可以看出,平板的归一化功率流随激振力幅值的增加而减少。

160

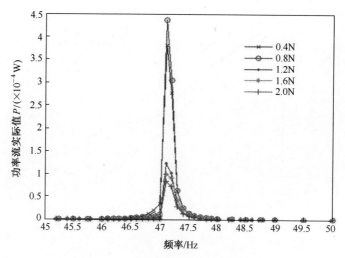

图 4-90　各激振力下系统功率流值

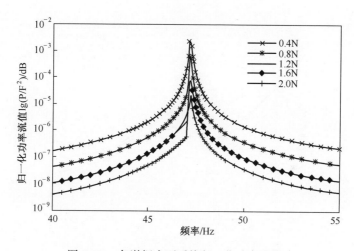

图 4-91　各激振力下系统归一化功率流值

实际上,通过对各种填充率和各阶振型下系统功率流的研究发现,在30%和90%这两种大的和小的填充率下,系统归一化功率流随激振力幅值的增加而呈非线性减少,图 4-92 所示为一阶共振时不同颗粒在这两种填充率下归一化功率流随激振力的变化,这说明在这些情况下颗粒阻尼器自身的减振趋势随激振力的幅值增加而增加;而在 50% 和 70% 中间填充率下,系统归一化功率流并不具备这种趋势。图 4-93 所示为二阶共振时不同颗粒在这两种填充率下归一化功率流随激振力的变化。

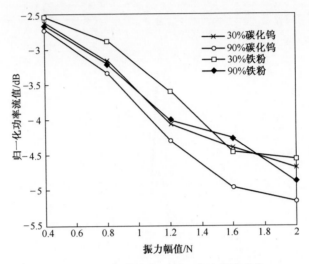

图 4-92　中间填充率下归一化功率流变化

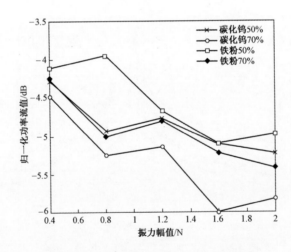

图 4-93　两端填充率下归一化功率流变化

2）填充率对功率流的影响

图 4-94 所示为激振力幅值为 1.6N 时,不填充颗粒及填充一定填充比的铁粉时系统功率流的实际值随频率的变化曲线。图 4-95 所示为上述情况下系统的归一化功率流的数值。

从图 4-94 和图 4-95 中可以看出,系统功率流实际值和归一化功率流值在颗粒填充率为 70% 时达到最小,对于不同材料、激振力幅值和振型也是如此,如图 4-96 和图 4-97 所示。

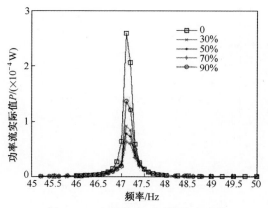

图 4-94 各填充率下系统功率流值

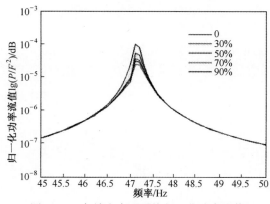

图 4-95 各填充率下系统归一化功率流值

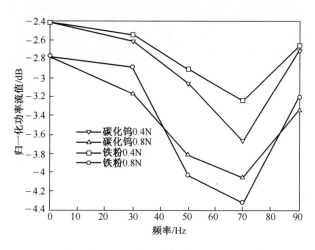

图 4-96 一阶共振功率流随填充率变化

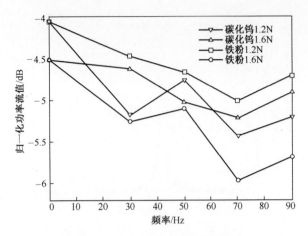

图 4-97   二阶共振功率流随填充率变化

3）颗粒密度对功率流的影响

图 4-98 所示为填充率为 50%、激振力幅值为 1.6N 时，系统填充铁粉和碳化钨的功率流实际值。图 4-99 所示为上述情况下系统的归一化功率流值。

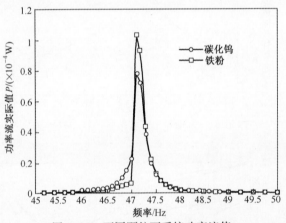

图 4-98   不同颗粒下系统功率流值

从图 4-98 和图 4-99 可以看出，填充碳化钨时，系统的功率流实际值及归一化功率流值更小，这说明大密度的颗粒碳化钨比小密度的颗粒铁粉具有更好的减振效果，这是由于大密度碳化钨颗粒间的摩擦系数大、碰撞恢复系数小，所以耗能作用更加显著。

其他颗粒阻尼参数下共振时结构的归一化功率流值可参照表 4-12，通过比较相同填充率和激振力下不同材料填充时系统归一化功率流的大小，同样可以说明大颗粒密度的碳化钨具有更好的减振效果。

164

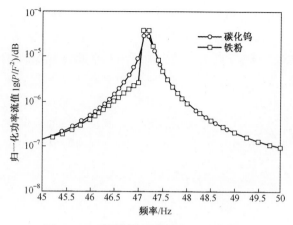

图 4-99 不同颗粒下系统归一化功率流

4.3.3 颗粒阻尼器制动鼓功率流特性

将计算制动鼓共振时的功率流得出各颗粒阻尼参数下的归一化功率流值，如表 4-13 所列。

表 4-13 各种颗粒阻尼参数下制动鼓共振的归一化功率流 （dB）

阶次	材料	激振力填充率/%	0.1N	0.2N	0.3N	0.4N
一阶	无颗粒	0	−4.11	−4.36	−4.64	−4.75
	铁粉	30	−4.70	−5.20	−5.39	−5.85
		50	−4.28	−5.35	−5.08	−5.68
		70	−5.31	−5.89	−5.67	−6.03
		90	−4.83	−4.96	−5.17	−5.61
	铅粉	30	−4.73	−5.33	−5.57	−5.91
		50	−4.36	−4.98	−5.70	−5.59
		70	−5.42	−5.75	−6.19	−6.04
		90	−4.92	−5.17	−5.56	−5.72
二阶	无颗粒	0	−4.20	−4.51	−4.77	−4.92
	铁粉	30	−4.85	−5.38	−5.49	−5.89
		50	−5.02	−4.91	−5.45	−5.78
		70	−5.42	−5.80	−6.22	−5.97
		90	−5.13	−5.28	−5.76	−5.85
	铅粉	30	−4.96	−5.50	−5.71	−5.88
		50	−5.11	−5.74	−5.47	−5.92
		70	−5.51	−5.89	−6.37	−6.20
		90	−5.08	−5.51	−5.60	−5.73

1. 共振时制动鼓功率流分布

功率流矢量图可以清楚地反映功率流这一变量的大小和方向,由于制动鼓被螺栓固定在实验台上,且激振力的方向位于水平面内,制动鼓的振型主要表现为各阶周波振型,故制动鼓高度方向的振动功率流可以忽略,这在对制动鼓各节点竖直方向功率流的计算中也得到了验证。因此,以制动鼓的某横截面为研究对象,研究截面上各点振动功率流的分布。将制动鼓截面按图 4-100 所示进行划分,得到 32 个功率流相应点,截面位置为距离制动鼓顶端 80mm 处。

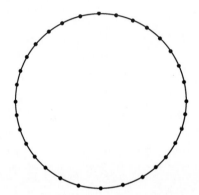

图 4-100　制动鼓截面响应点的分布

图 4-101 和图 4-102 所示为填充颗粒为铁粉、填充率为 30%、激振力为 0.3N 时带颗粒阻尼的制动鼓结构 1 阶、2 阶振动时系统的功率流分布。

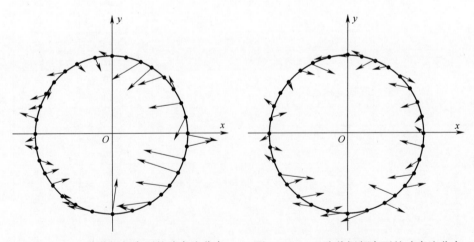

图 4-101　一阶共振频率下的功率流分布　　图 4-102　二阶共振频率下的功率流分布

从图 4-101、图 4-102 中可以看出制动鼓共振时的振动能量分布情况。通过将它们与有限元分析和模态实验获得的制动鼓共振时的振型图对比可以看出,与平板结构一样,制动鼓的各阶共振时的功率流分布与振幅分布并没有必然联系,这同样说明了从能量的角度分析振动和从力的角度分析结构振动是有差别的,为进一步研究制动鼓的声辐射奠定基础。

2. 激振力幅值对功率流的影响

图 4-103 所示为填充颗粒为铁粉、填充率为 30%,制动鼓系统在不同幅值的激振力下功率流的实际值。图 4-104 所示为上述情况下系统的归一化功率流值。

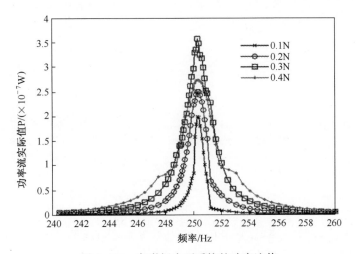

图 4-103 各激振力下系统的功率流值

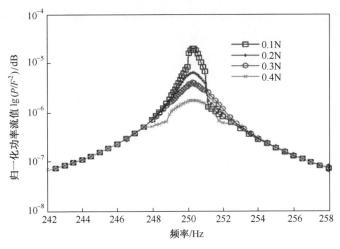

图 4-104 各激振力下系统归一化功率流值

在制动鼓阻尼比实验中,结构的阻尼比随激振力的增大呈现非线性增大的趋势。从图4-105中可以看出,各颗粒阻尼参数下,制动鼓的功率流值在激振力为0.1N时达到最小值,在上面已经介绍过,这是由于颗粒在空洞中振动时,摩擦耗能和冲击耗能之和在一定的激振力、填充率下有个最优值,故制动鼓的功率流值同样受二者共同影响。从图4-106可以看出,制动鼓的归一化功率流随激振力幅值的增加而减少。

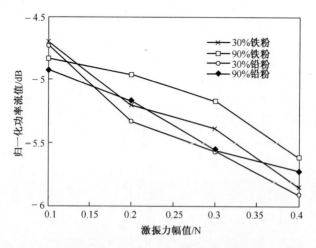

图4-105 中间填充率下归一化功率流

实际上,通过对各种填充率和各阶振型下制动鼓系统功率流的研究,发现制动鼓的归一化功率流具有和平板结构相同的结论,即在30%和90%这两种大的和小的填充率下,制动鼓归一化功率流随激振力幅值的增加呈非线性减少,图4-105所示为这两种填充率下制动鼓归一化功率流随激振力的变化,这说明在这些情况下颗粒阻尼器对制动鼓结构的减振趋势随激振力的幅值增加而增加;而在50%和70%中间填充率下,制动鼓归一化功率流并不具备这种趋势。图4-106所示为这两种填充率下制动鼓归一化功率流随激振力幅值的变化。

3. 填充率对功率流的影响

图4-107所示为激振力幅值为0.1N时,不填充颗粒及填充一定填充比的铁粉时制动鼓系统功率流的实际值随频率变化的曲线。图4-108所示为上述情况下制动鼓归一化功率流的值。

从图4-107和图4-108中可以看出,制动鼓系统功率流实际值和归一化功率流值在颗粒填充率为70%时达到最大,对于不同材料、激振力幅值和振型的情况也是如此,如图4-109和图4-110所示。

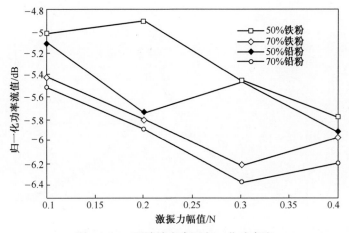

图 4-106 两端填充率下归一化功率流

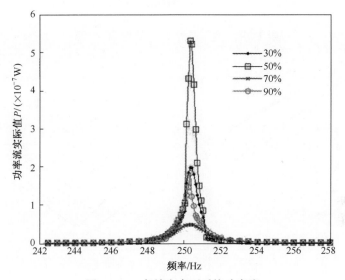

图 4-107 各填充率下系统功率流

4. 颗粒密度对功率流的影响

图 4-111 所示为填充率为 50%、激振力幅值为 0.4N 时,系统填充铁粉和铅粉的功率流实际值,图 4-112 所示为上述情况下系统的归一化功率流值。

从图 4-111 和图 4-112 中可以看出,填充颗粒为铅粉时,系统的功率流实际值及归一化功率流值更小,这说明大密度的颗粒铅粉比小密度的颗粒铁粉具有更好的减振动效果,这与平板仿真的研究结果相同,是由于大密度的铅粉颗粒间的摩擦系数大、碰撞恢复系数小,所以耗能作用更加显著。

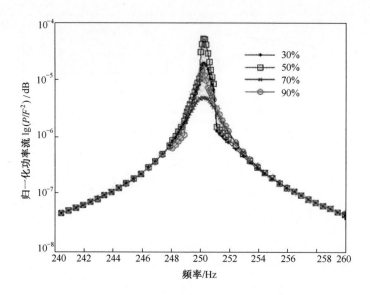

图 4-108　各填充率下系统归一化功率流

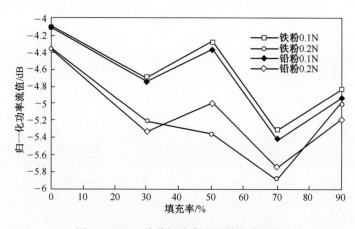

图 4-109　一阶共振功率流随填充率变化

其他颗粒阻尼参数下共振时结构的归一化功率流值可参照之前的表,通过比较相同填充率和激振力下不同材料填充时系统归一化功率流的大小,同样可以说明大颗粒密度的铅粉具有更好的减振效果。

将颗粒阻尼的影响加入平板和制动鼓模型中,应用 ANSYS 软件对实验用平板和制动鼓模型进行响应及功率流计算,通过对功率流随颗粒材料、激振力幅值、颗粒密度等参数变化的研究,得出了颗粒阻尼的减振规律及系统能量分布规律。

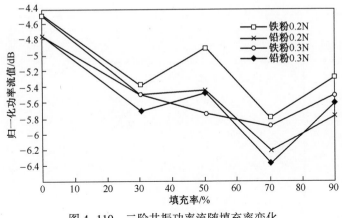

图 4-110　二阶共振功率流随填充率变化

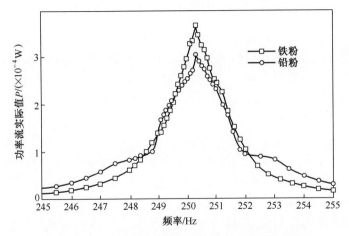

图 4-111　不同颗粒密度下系统的功率流特性曲线

（1）在制动鼓上打孔并填充颗粒，可以有效降低制动鼓各阶固有频率附近的功率流值。

（2）不同材料颗粒下，当填充率为较大和较小两端填充率时，固有频率附近的功率流随激振力幅值的增加而增加，但二者并非线性关系；当填充率为中间填充率时，固有频率附近的功率流不具有这种特点；在远离固有频率时，系统功率流随激振力幅值变化很小。

（3）在不同颗粒材料及填充率下，系统功率流随颗粒填充率的变化有最优，在填充率值为70%时达到最小值。

（4）相同的填充率、激振力幅值下，系统的功率流随颗粒密度的增加而减小。

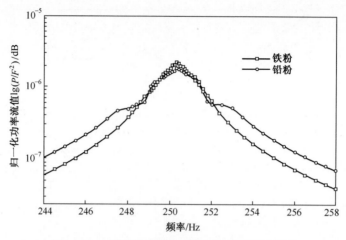

图 4-112　不同材料颗粒系统归一化功率流曲线

（5）平板和制动鼓共振时的功率流分布图与它们的振型图并不相同,即以能量为度量的振动描述和以位移为度量的传统振动描述是没有必然联系的。

本章研究了将颗粒阻尼器用于鼓式制动器减振的新方法,分析了该方法的可行性,并对带颗粒阻尼器制动鼓结构进行了实验与仿真研究,得到若干有价值的结论。用平板和制动鼓的有限元模型进行仿真计算,通过 ANSYS 谐振分析得出结构在特定的颗粒阻尼参数和激振力下的振动响应,进而求出结构的功率流以及带颗粒阻尼的平板和制动鼓共振时结构功率流分布。给出了一个评价带颗粒阻尼器结构减振效果的方法——功率流法。其主要工作和结论如下。

（1）建立了某型鼓式制动器的有限元模型。在建模过程中,考虑到有限元模型单元划分特点以及模型对计算结果的影响,对鼓式制动器进行了一定简化。

（2）计算了制动鼓振动的固有特性,并对其进行了模态实验分析,验证了有限元模型的正确性,并为下一步的接触强度分析做好准备。

（3）研究了在有离心力、摩擦力和制动蹄压力的工况下,布置孔腔对制动鼓强度、刚度的影响。在制动鼓周缘布设孔腔,在摩擦衬片和制动鼓内圆表面建立接触对,向制动蹄施加实际工况下的促动力,利用有限元方法计算具有颗粒阻尼器孔腔的制动鼓的应力,从强度和刚度的角度分析制动鼓布置颗粒阻尼器结构的可行性。

（4）仿真计算结果表明,在制动鼓周缘上施加颗粒阻尼器不会对结构的强度和刚度产生很大影响,也不会产生破坏作用的集中应力。对带颗粒阻尼器制动鼓非旋转状态进行了仿真与实验研究,在实验结果验证了用耦合仿真算法的基础上,通过仿真计算得到了带颗粒阻尼器制动鼓的减振效果与孔腔数量、孔腔直径、颗粒密度和颗粒填充率之间的关系。

（5）对带颗粒阻尼器制动鼓在旋转状态下的振动特性进行了仿真研究，得到旋转速度对减振效果的影响规律，分析颗粒对制动鼓动不平衡的影响。

参 考 文 献

[1] Lei X, Wu C, Chen P. Optimizing parameter of particle damping based on leidenfrost effect of particle flows [J]. Mechanical Systems and Signal Processing, 2018, 104:60–71.

[2] Xiao W, Chen Z, Pan T, et al. Research on the impact of surface properties of particle on damping effect in gear transmission under high speed and heavy load[J]. Mechanical Systems and Signal Processing, 2018, 98:1116–1131.

[3] Zhang K, Xi Y, Chen T, et al. Experimental studies of tuned particle damper: Design and characterization [J]. Mechanical Systems and Signal Processing, 2018, 99:219–228.

[4] 邵世纲, 邢冠楠, 崔寅, 等. 航天装备综合保障信息管理平台体系架构及工程研制实践[J]. 导弹与航天运载技术, 2018, 360(2):32–38.

[5] 李云, 陈建光, 许红英, 等. 2017年国外航天装备与技术发展动向分析[J]. 中国航天, 2018,12(7): 40–42.

[6] 刘海江, 徐清清. 航天大型薄壁结构件质量信息管理系统研究与实现[J]. 锻压装备与制造技术, 2018, 33(5):48–55.

[7] 左力. 航空装备维修保障模式研究[J]. 电子设计工程, 2017, 25(3):1–4.

[8] 亢亚敏, 秦新冰, 汪九佳. 面向智能制造的航空发动机数字化生产线建设研究[J]. 智能制造, 2017, 35(7):44–46.

[9] 肖明. 新一代网络化、开放式数控系统及应用[J]. 航空制造技术, 2004,65(7):34–37.

[10] 何胜强. 大型飞机数字化装配技术与装备[M]. 北京:航空工业出版社, 2013.

[11] 韩梅招. 汽车制动鼓失效原因分析及防止措施[J]. 南方农机, 2017,13(13):133–134.

[12] 邱文. 汽车制动鼓的铸造工艺分析与生产[J]. 现代制造技术与装备, 2017,46(2):127–128.

[13] 刘晓艳. 高性能汽车制动鼓的研制与开发[D]. 合肥:合肥工业大学, 2008.

[14] 庞剑, 谌刚, 何华. 汽车噪声与振动, 理论与应用[M]. 北京:北京理工大学出版社, 2006.

[15] 邓兆祥, 李克强, 何渝生, 等. 汽车噪声声强测量分析系统的开发及应用[J]. 汽车工程, 1994,154 (5):283–288.

[16] 雷凌, 单颖春, 刘献栋. 行驶车辆噪声辐射研究进展及展望[J]. 噪声与振动控制, 2006, 26(4): 1–6.

[17] 靳晓雄, 张立军. 汽车噪声的预测与控制[M]. 上海:同济大学出版社, 2004.

[18] 唐人辉, 唐光武. 汽车噪声控制技术及低噪声客车产品开发措施[J]. 客车技术与研究, 2001, 23 (6):19–21.

[19] 曹云刚. 城市汽车噪声危害与控制的现实思考[J]. 贵州工业大学学报:社会科学版, 2006, 8(5): 112–114.

[20] 王骁, 王敏庆, 王婷, 等. 一种多支撑隔振系统传递功率流测试方法[J]. 噪声与振动控制, 2019, 124(1):235–237.

[21] 张冠军, 李天匀, 朱翔. 偏心圆柱薄壳输入功率流特性研究[J]. 振动与冲击, 2018,36(5):

124-131.

[22] Zaro F R, Abido M A. Multi-objective particle swarm optimization for optimal power flow in a deregulated environment of power systems[C]// 2011 11th International Conference on Intelligent Systems Design and Applications,IEEE, 2019.

第5章　半主动颗粒阻尼技术

半主动控制属于参数控制,控制过程依赖于结构反应及外部激励信息,通过少量能量而实时改变结构的刚度或阻尼等参数来减少结构的反应[1-3]。半主动控制不需要大量外部能源的输入来直接提供控制力,只是实施控制力的作动器需要少量的能量调节以便使其主动地利用结构振动的往复相对变形或速度,尽可能地实现主动最优控制力[4]。由于半主动控制兼具主动控制优良的控制效果和被动控制简单易行的优点,同时克服了主动控制需要大能量供给和被动控制调谐范围窄的缺点,因此,半主动控制具有较大的研究和应用开发价值,是当前的研究热点[5-7]。常见的半主动控制系统有主动调谐参数质量阻尼系统、可变刚度系统、可变阻尼系统及变刚度变阻尼系统等[8-11]。

经过国内外学者的共同努力,被动颗粒阻尼技术在减振降噪领域取得了长足的发展。但被动颗粒阻尼技术一方面在低频段减振效果有限,另一方面难以适应复杂外界环境载荷的变化。半主动颗粒阻尼技术能有效地解决上述问题,但其减振机理更加复杂,目前只限于实验研究,还存在以下亟待解决的问题。

(1)如何建立半主动颗粒阻尼减振系统的动力学模型?

(2)半主动颗粒阻尼系统的非线性特性和控制系统的时滞性决定了系统在周期激励作用下具有非常丰富和复杂的动力学行为,如何处理这些问题?各种控制策略对系统的阻尼特性是否有影响?有何影响?

(3)在半主动颗粒阻尼系统的实验研究中,颗粒参数、阻尼器参数和控制参数等都可能对系统的阻尼特性有影响,如何建立起全面、高效、可靠的实验方法?半主动颗粒阻尼器长时间工作时的散热问题如何解决?

(4)能否建立一套半主动颗粒阻尼桁架系统的阻尼比预测模型,形成半主动颗粒阻尼桁架减振系统的设计方法?

5.1　半主动颗粒阻尼力学模型

5.1.1　电磁场对颗粒体的作用力

磁性颗粒体受磁场作用后,每个颗粒体会感应出固定大小的磁矩。颗粒体感应磁矩与磁感应强度成正比例关系[12-14]。作用在磁颗粒体上的力包括磁场对磁颗粒体的作用力和磁颗粒体之间通过磁偶极相互作用两部分。采用外绕电感线圈的办法可制作图5-1所示的半主动颗粒阻尼器。

半主动颗粒阻尼器可视为通电螺线管,此时由安培定理可以求出阻尼器内磁场磁感应强度 B,即

$$B = \mu_0 H = \mu_0 \frac{NI}{l} = \mu_0 nl \qquad (5-1)$$

式中:μ_0 为真空磁导率;H 为磁场强度;N 为通电螺线管线圈匝数;n 为单位长度上线圈匝数;l 为通电螺线管管长。

由式(5-1)可知,当在半主动颗粒阻尼器线圈中施加定值的电流时,此时半主动颗粒阻尼器内产生的电磁场为均匀恒定磁场。

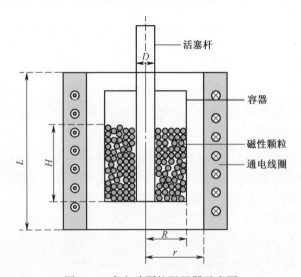

图5-1 半主动颗粒阻尼器示意图

电磁场对颗粒体的作用力可表示为

$$F_m = \nabla(m \cdot B) = (m \cdot \nabla) B = m \nabla B \qquad (5-2)$$

式中:m 为颗粒体感应磁矩;B 为磁感应强度;$m \cdot B$ 为磁矩与磁感应强度的点积;∇ 为标量场的梯度。由式(5-2)可得颗粒体受力方向为磁场梯度方向,力大小与磁场梯度成正比。显然,当磁场为均匀磁场时,磁场梯度为零,颗粒体不受磁场作用力。

5.1.2 颗粒间的磁场作用力

颗粒在磁场作用下产生磁化,磁化后的颗粒相当于磁偶极子,相邻两个颗粒

176

的邻近磁极之间会产生相互吸引的磁场力[15-18]。两个磁极间作用力的作用线为二者的连线。如图5-2所示,在原点有一个磁矩为 m 的磁偶极子,它在空间远处任一点产生磁场;另一个磁矩为 m' 的磁偶极子处在它所激发的外磁场中,m' 在 m 所激发的磁场中的受力可表示为

$$F_{mm'} = \frac{3\mu_0}{4\pi r^4} \left[(m \cdot m') - 3(m \cdot \boldsymbol{r}_0)(m' \cdot r) \right] \tag{5-3}$$

式中:r 为颗粒间的距离;$\boldsymbol{r}_0$ 为距离单位向量。

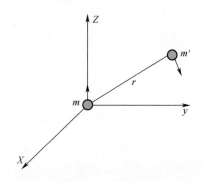

图5-2 磁偶极子相互作用示意图

当 $F_{mm'}$ 取正值时表示颗粒间的作用力为排斥力,取负值则表示颗粒间的作用力为吸引力。由式(5-3)可知,颗粒之间的磁偶极-偶极的受力不仅与颗粒之间的距离有关,而且与颗粒的相对位置和磁矩的取向有关。

颗粒体处于3种典型的相对位置时作用力的情况如下。

(1)当两个磁偶极子共轴平行时,如图5-3(a)所示,颗粒间的相互作用力可表示为

$$F_{mm'} = -\frac{3\mu_0 m \cdot m'}{2\pi r^4} \tag{5-4}$$

(2)当两个磁偶极子在垂直线上平行时,如图5-3(b)所示,颗粒间的相互作用力可表示为

$$F_{mm'} = \frac{3\mu_0 m \cdot m'}{4\pi r^4} \tag{5-5}$$

(3)当两个磁偶极子与连线成45°角平行时,如图5-3(c)所示,颗粒间的相互作用力可表示为

$$F_{mm'} = -\frac{3\mu_0 m \cdot m'}{32\pi r^4} \tag{5-6}$$

由式(5-4)、式(5-6)可知,在恒定电磁场的作用下,圆柱颗粒阻尼器内不

177

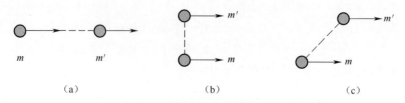

（a）　　　　　　　　　（b）　　　　　　　　　（c）

图 5-3　磁偶极子相对位置的示意图

同层面颗粒间的磁偶极作用力是吸引力。式(5-5) 表示在同一水平层面内颗粒间的磁偶极作用力为排斥力,虽然在水平方向上会降低颗粒间的接触力,但颗粒体与颗粒阻尼腔壁间的接触力会加大,此时水平排斥力对颗粒阻尼性能的影响较小。

从上述分析可以得到,颗粒体只受到磁偶极作用力且与磁矩平方成正比。由于颗粒体感应磁矩大小与磁感应强度成正比,而磁感应强度与通电螺线管内电流成正比,即线圈中通电电流的大小决定了磁颗粒间相互作用力的强弱。所以,调节线圈通电电流就可以改变颗粒阻尼器中颗粒的压力分布状态,结构发生振动时就能达到调节控制颗粒阻尼性能的目的。

5.2　半主动颗粒阻尼桁架结构实验研究

本节将加工制作一个小型海洋平台桁架结构,在海洋平台桁架上安装颗粒阻尼器,研究颗粒直径、颗粒密度等参数对带颗粒阻尼器桁架结构振动特性的影响规律。

5.2.1　半主动颗粒阻尼损耗因子的识别

半主动颗粒阻尼技术的减振耗能性能更好,在电磁场力、摩擦力和碰撞力的联合作用下,其减振耗能机理变得更加复杂。因此,准确识别半主动颗粒阻尼系统的损耗因子对半主动颗粒阻尼技术的应用具有重要意义。半主动颗粒阻尼具有很强的非线性,精准识别其损耗因子可以揭示半主动颗粒阻尼的非线性与颗粒直径、颗粒材料、颗粒填充率等因素之间的定量关系。本小节首先通过稳态能量流法推导出损耗因子和力信号与加速度信号之间的相位差之间的关系;然后通过实验数据识别颗粒阻尼损耗因子;最后研究了通电电压和颗粒填充率对半主动颗粒阻尼损耗因子的影响规律。

1. 半主动颗粒阻尼器模型

半主动颗粒阻尼器如图 5-4 所示,壳体采用 PP 材质,填充率范围为 10%～

90%。采用的颗粒阻尼材料为直径 2mm 的钢球；颗粒阻尼器外壁均匀缠绕 1700 匝导线。

图 5-4　半主动颗粒阻尼器

2. 损耗因子识别原理

本书采用稳态能量流法来识别半主动颗粒阻尼的内损耗因子，内损耗因子 η 是指在单位频率内损耗能量与平均储存能量之比。采用稳态能量流法的关键在于精确得出输入到系统的功率和结构表面的平均动能。稳态输入功率 P_{in} 和内损耗因子 η 由下式表示，即

$$P_{in} = \mathrm{Re}[P_{in}] + \mathrm{Im}[P_{in}] \tag{5-7}$$

$$\eta = \frac{\mathrm{Re}[P_{in}]}{\omega E} \tag{5-8}$$

$$P_{in} = f(t)v(t) = \frac{\mathrm{Re}[Fv^*]}{2} \tag{5-9}$$

$$|P_{in}| = \frac{|F||v|}{2} \tag{5-10}$$

$$\mathrm{Re}[P_{in}] = |F||v| \cdot \cos\frac{\varphi}{2} \tag{5-11}$$

$$\mathrm{Im}[P_{in}] = |F||v| \cdot \sin\frac{\varphi}{2} \tag{5-12}$$

$$E = \frac{mvv^*}{2} = \frac{m|v|^2}{2} \tag{5-13}$$

式中：$\mathrm{Re}[P_{in}]$ 为输入功率的实部（损耗功率）；$\mathrm{Im}[P_{in}]$ 为输入功率的虚部（无功功率）；ω 为激励频率；E 为结构体平均动能；$f(t)$、$v(t)$ 分别为激振力的时域信号和速度响应的时域信号；< >为时间平均，F、v 分别为 $f(t)$、$v(t)$ 的傅里叶变

179

换;v^*为v的共轭复量;| |为该信号量的模;φ为力信号与速度信号的相位差,用$\varphi_F-\varphi_v$表示。

结构体的动态质量m可通过无功功率$\text{Im}[P_{\text{in}}]$和结构平均动能E之间的时间微分关系近似求得,即

$$m \approx \frac{\dfrac{2\text{Im}[P_{\text{in}}]}{\omega vv^*}}{\dfrac{|F| \cdot \sin\varphi}{\omega |v|}} \tag{5-14}$$

联立式(5-8)、式(5-11)、式(5-13)、式(5-14)可得损耗因子表达式为

$$\eta = \cot\varphi = \cot(\varphi_F - \varphi_v) \tag{5-15}$$

又因为速度信号与加速度信号的相位差为$\pi/2$,式(5-15)还可变化为

$$\eta = \tan(\varphi_a - \varphi_F) \tag{5-16}$$

式中:φ_a、φ_F、φ_v分别为加速度信号、力信号、速度信号的相角。

3. 半主动颗粒阻尼损耗因子识别实验研究

1) 实验测试系统

半主动颗粒阻尼损耗因子实验测试系统如图 5-5 和图 5-6 所示。阻抗头安装在激振器的顶杆末端,阻抗头通过转接头与半主动颗粒阻尼器刚性连接。为了保证激振器对颗粒阻尼器产生恒定的激振力,将阻抗头上产生的力信号反馈给信号源控制仪,通过信号源控制仪和功率放大器调节激振力信号。同时,采集颗粒阻尼器上端的加速度信号。将线圈接入电压控制仪,用于探究通电电压对颗粒阻尼损耗因子的影响规律。

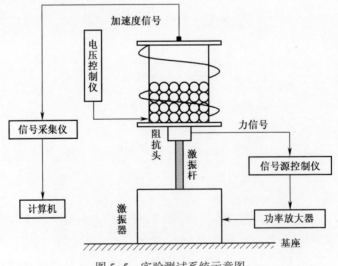

图 5-5 实验测试系统示意图

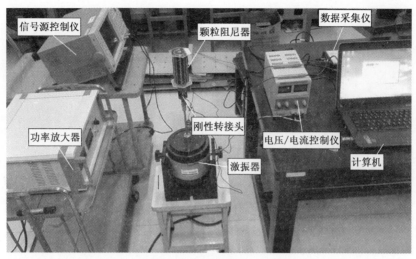

图 5-6　实验测试系统

2）实验数据分析

实验过程中,对半主动颗粒阻尼器施加频率为 40π Hz 的简谐激振力。通过改变通电线圈中电压和颗粒阻尼器内填充率的大小,分别比较不同电压和不同填充率下颗粒阻尼器上端的加速度响应。将采集到的加速度信号与力信号做传递函数分析,并求出力信号和加速度信号的相位差;通过所求出的相位差和式(5-16)计算得出半主动颗粒阻尼器在不同工况下的阻尼损耗因子。

图 5-7 所示为通电电压为 1.5V 时,在一个周期 T 内不同填充率下加速度信号与力信号的传递函数曲线。由图 5-7 可以看出,当颗粒填充率为 30%、50%、70%、90%时,响应均出现了明显的峰值,这是由于力信号与加速度信号存在相位差的缘故;当颗粒填充率为 90%时,响应峰值出现得最早,即力信号与加速度信号的相位差最大;当填充率较小或者无填充颗粒时,传递函数趋于稳定,此时由于半主动颗粒阻尼损耗因子过小,力信号和加速度信号的相位差并不明显。

图 5-8 所示为颗粒填充率为 50%、不同电压时,半主动颗粒阻尼器上端加速度响应信号(其他颗粒填充率时也有类似规律)。从图 5-8 中可以看出,改变电压可以改变加速度响应的相角 φ_a;通入 1V 电压时,加速度响应的相角 φ_a 发生明显的变化;随着电压的增大,加速度响应曲线逐渐左移,即加速度响应的相角呈逐渐增大的趋势;加速度响应的相角 φ_a 先快速增大,达到 2V 后,相角 φ_a 的增幅逐渐平缓并趋于稳定。图 5-8 中的冲击信号是由颗粒撞击容器上端密封板造成的。

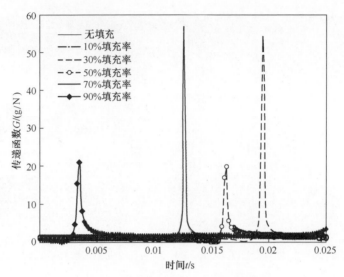

图 5-7　不同填充率时的传递函数曲线

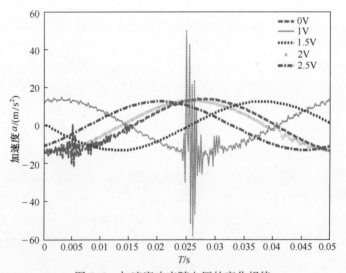

图 5-8　加速度响应随电压的变化规律

　　图 5-9 所示为通电电压为 2.5V 时,在一个周期 T 内不同颗粒填充率下阻尼器上端加速度响应信号(其他通电电压时也有类似规律)。从图 5-9 中可以看出,随着颗粒填充率的增加,加速度响应的相角 φ_a 呈现先快速增大,后缓慢增大并逐渐趋于稳定的趋势;当颗粒填充率由 50% 向 60% 变化时,加速度响应的相角 φ_a 变化明显;随后随着颗粒填充率的增大,相角 φ_a 的偏移量不断增大,但增幅逐渐趋于稳定。

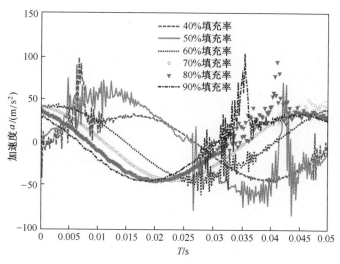

图 5-9 加速度响应随颗粒填充率的变化规律

各电压时颗粒阻尼器的阻尼损耗因子如图 5-10 所示。图 5-10 所示为不同工况时半主动颗粒阻尼损耗因子随颗粒填充率的变化曲线。从图 5-10 中可以看出,施加电压后阻尼损耗因子发生了明显的变化,这主要是因为施加电压后,半主动颗粒阻尼器内部磁场发生了变化,使得颗粒运动发生了偏转;随着电压的升高,半主动颗粒阻尼损耗因子先呈现快速增大的趋势,随后逐渐趋于稳定。随着颗粒填充率的提高,半主动颗粒阻尼损耗因子总体呈不断增大的趋势,这是因为颗粒的增多提高了半主动颗粒阻尼器的内摩擦力,从而提高了半主动颗粒阻尼器耗散能量的能力;在没有施加电压时,阻尼损耗因子随颗粒填充率的增加先保持稳定,在达到 70%填充率时,阻尼损耗因子快速增大,随后趋于平缓;在施加电压后,阻尼损耗因子随颗粒填充率的提高先缓慢增加,在达到 50%填充率后,半主动颗粒阻尼损耗因子呈快速增大的趋势,达到 70%填充率后,半主动颗粒阻尼损耗因子逐渐趋于稳定。

5.2.2 桁架结构及半主动颗粒阻尼器

首先设计加工一个小型海洋平台结构,如图 5-11 所示。其具体参数为:整体高度为 900mm,每 300mm 高度设计一个平台;平台 1 和平台 3 用 3mm 厚度碳钢制作;平台 2 用不锈钢管制作,用于模拟桁架结构。平台结构中采用 ϕ32mm×3mm 的 304 型不锈钢管作为桁架的主柱,采用 ϕ22mm×2mm 的 304 型不锈钢管作为桁架的加强管和结构管。

本章主要研究颗粒阻尼器的颗粒参数(颗粒填充率和颗粒直径)、控制电流

183

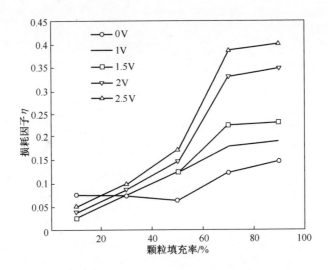

图 5-10　颗粒填充率对损耗因子的影响

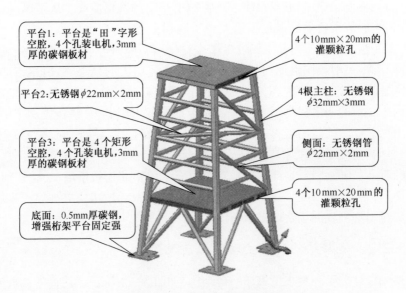

图 5-11　海洋平台结构示意图

和控制策略(开关控制和改进的开关控制)对海洋平台桁架结构减振特性的影响规律。实验中颗粒阻尼器采用塑料材料,其内径为 70mm,缠绕通电导线 8000圈。颗粒阻尼器中填充不同直径的钢球颗粒,钢球的密度为 7800kg/m³。

184

5.2.3 半主动颗粒阻尼技术实验研究

实验中分别研究颗粒直径、颗粒密度、填充率、控制电流及控制策略对海洋平台桁架结构振动特性的影响规律,具体的实验测试工况如下。

(1) 颗粒填充率:0、10%、20%、30%、40%、50%、60%、70%、80%、90%和100%。

(2) 钢球颗粒直径:0.1mm、0.5mm、1mm、1.5mm、2mm 和 3mm。

(3) 电流大小:0.1A、0.2A、0.3A、0.4A、0.5A、0.6A、0.7A、0.8A、0.9A和 1.0A。

(4) 控制策略:开关控制和改进的开关控制。

(5) 颗粒密度:铝合金颗粒密度 2600kg/m^3,钢球密度 7800kg/m^3,铅球颗粒密度 11300kg/m^3,碳化钨颗粒密度 14800 kg/m^3。

5.3 半主动颗粒阻尼桁架结构振动特性

颗粒阻尼海洋平台桁架结构如图 5-12 所示,通过在平台桁架结构底层安装电机激励,电机为 90SZ55 型微型直流伺服电动机,电机转速为 2000r/min。为增加激励,在电机上安装偏心质量块。加速度传感器用于测试电机基座底脚位

图 5-12　带颗粒阻尼器的桁架结构实验系统

置及各测点的加速度,测试分析系统采用北京东方振动噪声研究所的 DASP 振动噪声采集分析系统。

颗粒阻尼对海洋平台桁架结构的 A 点振动传递特性曲线如图 5-13 所示,从图 5-13 中可以看出,填充颗粒阻尼后,从电机传递到平台上的振动衰减明显,说明颗粒阻尼有较好的减振效果。下面详细分析颗粒阻尼各主要参数对海洋平台桁架结构振动特性的影响规律。

在海洋平台桁架结构上安装两个半主动颗粒阻尼器,当颗粒填充率为70%,填充颗粒直径为 0.1mm 钢球,颗粒阻尼器通电线圈数为 8000 圈,电流分别为 0A 和 0.7A 时,桁架结构 A 点的振动传递率的实验与仿真结果分别如图 5-14 和图 5-15 所示。从图中可以看出,颗粒阻尼器通电流和不通电流两种情况下,海洋平台桁架结构振动传递率的仿真结果与实验结果基本一致,说明本章采用的有限元-离散元耦合仿真方法是可行的。

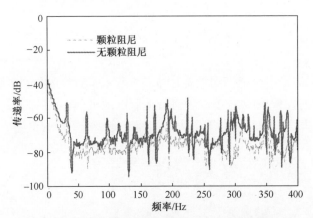

图 5-13　颗粒阻尼对桁架结构振动性能的影响

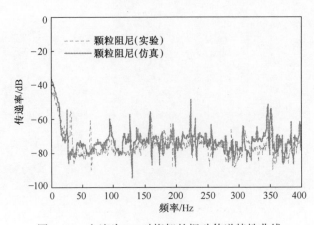

图 5-14　电流为 0A 时桁架的振动传递特性曲线

186

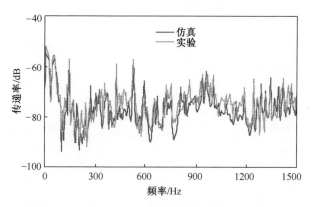

图 5-15　电流为 0.7A 时桁架的振动传递特性曲线

5.3.1　控制电流对桁架结构振动特性的影响

在海洋平台桁架结构上安装两个半主动颗粒阻尼器,当颗粒填充率为70%,填充颗粒直径为 0.1mm 钢球,颗粒阻尼器通电线圈数为 8000 圈时,海洋平台桁架结构 A 点的振动传递曲线如图 5-16 所示,各点振动特性随控制电流(0~1A)的变化规律如图 5-17 所示。从图中可以看出,在 0~200Hz 范围内,随着控制电流的增加,桁架结构的振动传递率降低,系统的减振效果变好;在 200~400Hz 范围内,控制电流的变化对系统减振效果的影响不稳定。

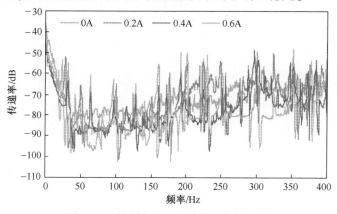

图 5-16　控制电流对振动传递率的影响

5.3.2　控制策略对桁架结构振动特性的影响

在桁架结构上安装两个颗粒阻尼器,颗粒填充率为 70%,填充颗粒直径为0.2mm 钢球,通电线圈数为 8000 圈。分别采用的被动控制(电流为 0.6A)、开

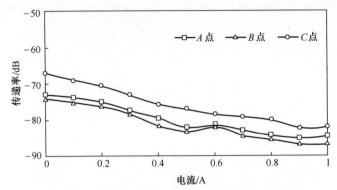

图 5-17　控制电流对不同测点振动传递率的影响

关控制策略和改进的开关控制策略如下。

开关控制策略为

$$i = \begin{cases} 0.6\text{A}, & \dot{x}(\dot{\bar{x}}_b - \dot{x}) > 0 \\ 0, & \dot{x}(\dot{\bar{x}}_b - \dot{x}) \leqslant 0 \end{cases} \tag{5-17}$$

式中：$\dot{x}$ 为颗粒阻尼器的速度；$\dot{\bar{x}}_b$ 为颗粒的平均速度。

改进的开关控制策略为

$$i = \begin{cases} 0.6\text{A}, & (\bar{x}_b - x)(\dot{\bar{x}}_b - \dot{x}) > 0 \\ 0, & (\bar{x}_b - x)(\dot{\bar{x}}_b - \dot{x}) \leqslant 0 \end{cases} \tag{5-18}$$

式中：$\dot{x}$ 为颗粒阻尼器的速度；$\dot{\bar{x}}_b$ 为颗粒的平均速度；x 为颗粒阻尼器的位移；$\bar{x}_b$ 为颗粒的平均位移。

海洋平台桁架结构 A 点和 B 点的振动传递曲线分别如图 5-18 和图 5-19

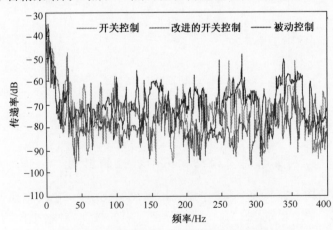

图 5-18　控制策略对 A 测点振动传递率的影响

188

所示,从图中可以看出,对于 A 点的振动传递率改进的开关控制策略在各个频率段均明显优于开关控制策略,整个频率范围内振动传递率降低了 5.7dB;对于 B 点的振动传递率改进的开关控制策略总体上优于开关控制策略,但是效果不太明显,而且在 200Hz 附近开关控制策略下海洋平台桁架结构的减振效果更好;A 点和 B 点采用两种半主动控制策略海洋平台桁架结构的减振效果总体上好于被动控制,但在 100Hz 以内采用半主动控制策略海洋平台桁架结构的减振效果变化不明显。

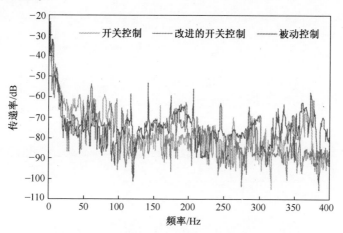

图 5-19　控制策略对 B 测点振动传递率的影响

5.3.3　颗粒直径对桁架结构振动特性的影响

填充颗粒材料为钢球,颗粒填充率为 70%,海洋平台结构振动传递率随颗粒直径的变化规律如图 5-20 和图 5-21 所示(图 5-20 中为了图形清晰,只列出

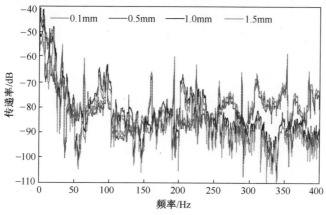

图 5-20　颗粒直径对振动传递率的影响

189

其中 4 种颗粒直径的频域响应曲线,下同)。从图 5-20 中可以看出,随着颗粒直径的增加,桁架结构的振动传递率逐渐降低,系统的减振效果变好;在 250~400Hz 范围内,颗粒直径对振动传递率的影响明显,主要是因为较高激励频率使得颗粒振动更加剧烈,直径越大的颗粒能量越大,在相互碰撞和摩擦过程中消耗的能量越多,系统的减振效果越好。从图 5-21 中可以看出,起始阶段的颗粒直径的变化对系统传递率的影响明显,当颗粒直径达到 1mm 时,颗粒直径的增加对系统振动传递率的影响很小。

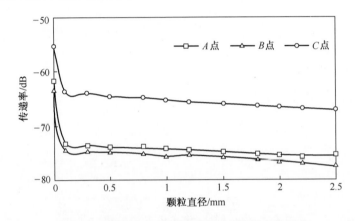

图 5-21　颗粒直径对不同测点振动传递率的影响

5.3.4　填充率对桁架结构振动特性的影响

填充颗粒为钢球颗粒,颗粒直径为 0.1mm,海洋平台结构振动传递率随颗粒填充率的变化规律如图 5-22 和图 5-23 所示。从图中可以看出,随着填充率

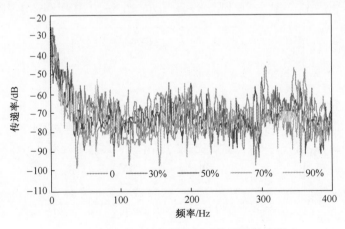

图 5-22　填充率对桁架结构振动传递特性的影响

的增加,系统的减振效果先变好后变差,当填充率达到80%左右时,系统的减振效果最好,平均振动传递率比无颗粒阻尼器时最大降低18.2dB;当填充率达到100%时,系统的减振效果大大降低,主要因为孔腔中颗粒的运动受限制,没有碰撞耗能,只通过颗粒之间的摩擦消耗部分能量,所以100%填充率时系统的平均振动传递率仍然比无颗粒时系统的平均传递率降低1.2dB。颗粒填充率是决定颗粒阻尼减振效果的重要因素,是决定颗粒阻尼减振装置减振效果的主要参数。

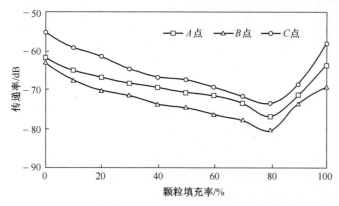

图 5-23　颗粒填充率对不同测点振动传递率的影响

5.3.5　颗粒密度对桁架结构振动特性的影响

颗粒填充率为70%,颗粒直径为0.1mm,海洋平台结构振动传递率随填充颗粒密度的变化规律如图5-24和图5-25所示。从图中可以看出,在整个频率范围内,系统的振动传递率都随颗粒密度的增加而降低,密度越大系统的减振效果越好;密度从铝合金颗粒到钢球颗粒$((2.2 \sim 7.8) \times 10^3 kg/m^3)$时,系统减振效果变化明显,当密度达到一定程度时,颗粒密度的变化对系统减振效果影响不大;填充密度较大的碳化钨颗粒时,A点、B点和C点的振动传递率比填充铝合金时的振动传递率分别降低了15.4 dB、11.5 dB和10.1 dB。说明在选择填充颗粒时应尽可能选择密度较大的金属颗粒,以提高系统的减振效果。

通过对颗粒阻尼海洋平台桁架结构的振动特性实验研究,可以得到以下主要结论。

(1)颗粒阻尼对海洋平台桁架结构具有明显的减振效果,相比无颗粒阻尼结构的振动,其振动传递率最高降幅为18.2dB。

(2)颗粒阻尼海洋平台桁架结构采用改进的开关控制策略的减振效果要优于采用开关控制的减振效果,但是控制策略对不同测点振动传递率的影响差别较大;采用两种半主动控制策略海洋平台桁架结构的减振效果总体上好于被动控制,但在100Hz以内采用半主动控制策略海洋平台桁架结构的减振效果变化不明显。

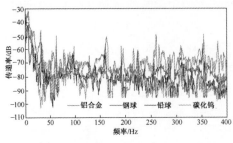

图 5-24 颗粒密度对振动传递率的影响

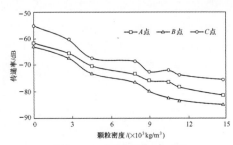

图 5-25 颗粒密度对不同
测点振动传递率的影响

(3)颗粒密度越大系统的减振效果越好,填充密度较大的碳化钨颗粒比填充钢球颗粒的振动传递率降低 5.6dB,填充密度较大的颗粒各测点的振动均有不同程度的降低。

(4)随着填充率的增加,海洋平台桁架结构振动响应先降低后增加,在颗粒填充率为80%左右时,系统的减振效果最好,填充率为100%时颗粒阻尼仍然有一定的减振效果。

(5)颗粒直径的变化对海洋平台桁架结构的振动影响相对较低,填充直径为 1mm、2mm、3mm 颗粒的海洋平台桁架结构的平均振动传递率分别比填充直径为 0.1mm 颗粒的桁架结构降低了 2.4 dB、3.2 dB、3.6 dB。

本章主要开展了将半主动颗粒阻尼技术应用于海洋平台桁架结构减振的应用研究,分别进行了数值仿真计算和实验研究。研究了半主动颗粒阻尼器的控制策略、颗粒密度、颗粒填充率等参数对海洋平台桁架结构减振效果的影响规律。结果表明,半主动颗粒阻尼技术的减振效果要好于被动颗粒阻尼减振技术,半主动颗粒阻尼系统的控制策略对系统减振效果影响明显。

参 考 文 献

[1] 张进秋,黄大山,刘义乐. 改进的地棚半主动控制算法及其性能分析[J]. 华中科技大学学报(自然科学版),2017,32(4):12-20.

[2] Zamani A A,Tavakoli S,Etedali S. Fractional order PID control design for semi-active control of smart base-isolated structures:A multi-objective cuckoo search approach[J]. ISA Transactions,2017,67(1):222-232.

[3] Sun C. Semi-active control of monopile offshore wind turbines under multi-hazards[J]. Mechanical Systems and Signal Processing,2018,99(7):285-305.

[4] Ata W G,Salem A M. Semi-active control of tracked vehicle suspension incorporating magnetorheological

dampers[J]. Vehicle System Dynamics,2017,32(6):1-22.

[5] Ceravolo R,Pecorelli M L,Zanotti Fragonara L. Comparison of semi-active control strategies for rocking objects under pulse and harmonic excitations[J]. Mechanical Systems and Signal Processing,2017,90(1): 175-188.

[6] Liu Y F,Lin T K,Chang K C. Analytical and experimental studies on building mass damper system with semi-active control device[J]. Structural Control & Health Monitoring,2018,126(12):21-36.

[7] Krishnamoorthy A,Bhat S,Bhasari D. Radial basis function neural network algorithm for semi-active control of base-isolated structures[J]. Structural Control & Health Monitoring,2017,24(10):1984-1997.

[8] Min C,Dahlmann M,Sattel T. A concept for semi-active vibration control with a serial-stiffness-switch system [J]. Journal of Sound and Vibration,2017,405(7):234-250.

[9] Ho C,Zhu Y,Lang Z Q,et al. Nonlinear damping based semi-active building isolation system [J]. Journal of Sound and Vibration,2018,424(5):302-317.

[10] Li M,Gao P,Zhang J,et al. Study on the system design and control method of a semi-active heave compensation system[J]. Ships & Offshore Structures,2018,13(1):1-13.

[11] Liem N V,Jianrun Z,Quynh L V,et al. Performance analysis of air suspension system of heavy truck with semi-active fuzzy control[J]. Journal of Southeast University (English Edition),2017,33(2):159-165.

[12] 赵国求. 磁感应强度的新定义及磁学定律的理论推导[J]. 武汉工程职业技术学院学报,2009,21 (1):46-49.

[13] 白博,周军,王圣允. 基于立方星的高性能空芯磁力矩器设计[J]. 西北工业大学学报,2018,32(1): 126-131.

[14] 吴敏敏,王建成,吴春曙. 各向异性磁介质中圆电流环的磁矢势[J]. 华侨大学学报(自然科学版), 2007,28(4):379-381.

[15] 任来平,赵俊生,侯世喜. 磁偶极子磁场空间分布模式[J]. 海洋测绘,2002,32(2):18-21.

[16] 唐劲飞,龚沈光,王金根. 基于磁偶极子模型的目标定位和参数估计[J]. 电子学报,2002,30(4): 614-616.

[17] 尹刚,张英堂,李志宁,等. 磁偶极子梯度张量的几何不变量及其应用[J]. 地球物理学报,2016,59 (2):749-756.

[18] 王光辉,朱海,郭正东. 潜艇磁偶极子近似距离条件分析[J]. 海军工程大学学报,2008,20(5): 60-63.

第6章 基于支持向量机的颗粒阻尼结构振动特性预测

支持向量机是一类按监督学习方式对数据进行二元分类的广义线性分类器,其决策边界是对学习样本求解的最大边距超平面[1-3]。支持向量机使用铰链损失函数计算经验风险,并在求解系统中加入了正则化项以优化结构风险,是一个具有稀疏性和稳健性的分类器[4-6]。支持向量机可以通过核方法进行非线性分类,是常见的核学习方法之一[7-8]。

颗粒参数、结构参数和阻尼器参数对颗粒阻尼结构减振效果的影响规律是目前国内外学者主要关注的研究方向,目前对颗粒阻尼减振特性的研究主要以实验为主,虽然采用实验的方法可以测定到相对准确的阻尼特性,但是对于处理小样本、高维度、非线性影响因素指标的数据时,复杂的测量过程相当耗时。近年来提出的基于结构风险最小化理论的支持向量机方法克服了人工神经网络等方法的缺点,是目前针对小样本分类、回归等最常采用的方法。

本章将采用支持向量回归机建立颗粒阻尼减振结构的阻尼特性–影响因素模型,利用建立的模型对颗粒阻尼减振结构的阻尼特性进行预测,并进行实验验证,有助于进一步推动颗粒阻尼减振技术的工程应用。

6.1 支持向量分类机

6.1.1 分类问题的提出

给定训练集 $T = [(x_1, y_1), \cdots, (x_l, y_l)] \in (R^n \times \gamma)^l$,其中 $x_i \in R^n, y_i \in \gamma = [-1, 1], i = 1, 2, 3, \cdots, l$,在此训练集下寻找 R^n 空间上的一个函数 $g(x)$,而且利用 $f(x) = \text{sgn}[g(x)]$ 作为一个决策函数可以确定给定任一个输入 x 就可以求得对应的 y 值。

如图 6-1 所示,假设有一个二维平面,平面上有两类不同数据,分别用〇和×表示。从图中可以看出这两类数据完全可以用一条直线线性分开,此时这条直线就可以定义为一个超平面 $\omega x + b = 0$,位于超平面右上方的数据所对应的 y

值都为 1 , 正好位于超平面上的数据所对应的 y 值为 0, 位于超平面左下方的数据所对应的 y 值都为-1。

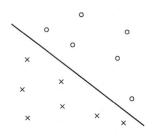

图 6-1　数据线性分类

6.1.2　"硬"支持向量分类机

如果所有数据点可用一个超平面完全正确划分,那么类似的问题称为线性硬支持向量分类机,如图 6-1 所示,借助上述的超平面就完全可以把○和×数据正确地分开。

从图 6-1 中可以看出,能完全正确分开两类数据的直线有很多,超平面则是所有直线中最适合的,判定"最适合"的标准就是这条直线离两边数据点的间隔都尽可能大,因此解决线性硬支持向量分类机的关键是如何确定最优的分类超平面。

最大间隔思想:类似图 6-2 所示的二维空间上的线性分类问题,在图中画出一条可以将二维空间分成两部分的实线,显然有许多直线能将两类数据点正确分开。首先假设分划直线 $\omega x + b = 0$ 的法方向 ω 已经给定,此时的实线就是一条以 ω 为法方向可以左、右任意移动的直线,能够正确分开两类数据点的类似直线有无数条。考虑一个特殊的情况,当向左、右两个方向平行移动这条直线正好碰到某个数据点时,此时穿过这两个数据点的两条直线则被定义为支持虚线,两条支持虚线之间的距离称为与该法方向相应的间隔。从图 6-2 可以看出,恰好位于两条虚线中间的那条实线最能正确划分这两类数据点,此时线性分划的关键问题就转化为如何寻求"间隔"最大时的法方向 ω 。

图 6-2 中两条虚线的数学表达式分别为 $\omega x + b = 1$ 和 $\omega x + b = -1$,那么通过计算可以得出两条虚线的距离即为 $2 / |\omega|$,也称为两条虚线的最大间隔,对最大间隔思想的分析直接引出求解对变量 ω 和 b 的最优化问题,即

$$\begin{cases} \min_{\omega,b} & \frac{1}{2} \| \omega \|^2 \\ \text{s. t.} & y_i(\omega x_i + b) \geqslant 1, \quad i = 1,2,\cdots,l \end{cases} \tag{6-1}$$

195

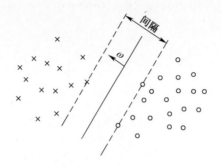

图 6-2　最大间隔思想

在数学上直接求解式(6-1)比较复杂,可以寻找式(6-1)对应的对偶问题,为了导出其对偶问题,此时引入拉格朗日函数,即

$$L(\omega,b,\boldsymbol{\alpha}) = \frac{1}{2}\parallel\omega\parallel^2 - \sum_{i=1}^{l}\alpha_i[y_i(\omega x_i + b) - 1] \qquad (6-2)$$

式中:$\boldsymbol{\alpha} = (\alpha_1,\alpha_2,\cdots,\alpha_l)^{\mathrm{T}}$ 为拉格朗日乘子向量。

然后分别对式(6-2)中的 ω 和 b 求偏导,得到 $\omega = \sum_{i=1}^{l}\alpha_i y_i x_i$,并反代入式(6-2)得出对偶问题的表达式为

$$\begin{cases} \max_{\boldsymbol{\alpha}} \quad -\frac{1}{2}\sum_{i=1}^{l}\sum_{j=1}^{l}y_i y_j x_i x_j \alpha_i \alpha_j + \sum_{j=1}^{l}\alpha_j \\ \mathrm{s.t.} \quad \sum_{i=1}^{l}y_i\alpha_i = 0, \quad \alpha_i \geqslant 0, \quad i = 1,2,\cdots,l \end{cases} \qquad (6-3)$$

由式(6-3)可以看出,上述的对偶问题实际上是求解一个最大化问题,此时可以采用与对偶问题具有相同解集的最小化问题代替上述的最大化问题,即最小化问题为

$$\begin{cases} \min_{\boldsymbol{\alpha}} \quad \frac{1}{2}\sum_{i=1}^{l}\sum_{j=1}^{l}y_i y_j x_i x_j \alpha_i \alpha_j - \sum_{j=1}^{l}\alpha_j \\ \mathrm{s.t.} \quad \sum_{i=1}^{l}y_i\alpha_i = 0, \quad \alpha_i \geqslant 0, \quad i = 1,2,\cdots,l \end{cases} \qquad (6-4)$$

求解式(6-4),可得拉格朗日算子 $\boldsymbol{\alpha}^* = (\alpha_1^*,\alpha_2^*,\cdots,\alpha_l^*)^{\mathrm{T}}$,计算法方向 $\omega^* = \sum_{i=1}^{l}\boldsymbol{\alpha}_i^* y_i x_i$,同时选取 α^* 的一个正分量 α_j^* ,据此计算

$$b^* = y_i - \sum_{i=1}^{l}\alpha_i^* y_i x_i x_j \qquad (6-5)$$

利用上述求得的 ω^* 和 b^* 就可以得到分划超平面 $\omega^*x + b^* = 0$,由此求得 $f(x) = \text{sgn}[g(x)]$,其中

$$g(x) = \omega^*x + b^* = \sum_{i=1}^{l} y_i \alpha_i^* x_i x + b^* \tag{6-6}$$

综上可知,数据集中只有对应于非零 α_i^* 的数据点 (x_i, y_i) 才构成决策函数,其他的数据点则不起任何作用,此时对应于非零 α_i^* 数据点 (x_i, y_i) 的输入 x_i 称为支持向量,因此可以得出以下的结论:支持向量 x_i 满足 $y_i g(x_i) = y_i(\omega^* x_i + b^*) = 1$,非支持向量 x_i 满足 $y_i g(x_i) = y_i(\omega^* x_i + b^*) \geqslant 1$。

6.1.3 "软"支持向量分类机

6.1.2 小节算法只适用于所有的训练集都能被一个超平面完全正确分开的理想情况[9-11]。考虑到图 6-3 所示的线性不可分问题,圆形数据与正方形数据不能通过最优分类超平面完全线性可分。

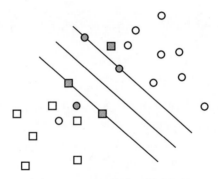

图 6-3 "软"支持向量分类问题

如果坚持采用一个最优分类超平面对上述数据点进行划分,则必须要弱化对最优分类超平面的要求,即允许有不满足约束条件($y_i g(x_i) = y_i(\omega x_i + b) \geqslant 1$)的数据点存在。为此,引入松弛变量

$$\xi_i \geqslant 0, \quad i = 1, 2, \cdots, l \tag{6-7}$$

可得"软化"的约束条件为

$$y_i(\omega x_i + b) \geqslant 1 - \xi_i, \quad i = 1, 2, \cdots, l \tag{6-8}$$

从式(6-8)中可以看出,当 ξ_i 取值充分大时,数据点 (x_i, y_i) 总可以满足式(6-8)。但是,为了确保最佳分类超平面发挥其良好的划分作用,应该设法避免 ξ_i 取太大的值。为此在目标函数里应该对某些不规矩的数据点进行惩罚,此时在最小化问题中加入 $C \sum_i \xi_i$ 项,则原始问题可改写为

$$\begin{cases} \min\limits_{\omega,b,\xi} & \dfrac{1}{2}\parallel\omega\parallel^2 + C\sum\limits_{i=1}^{l}\xi_i \\ \text{s. t.} & y_i(\omega x_i + b) \geqslant 1 - \xi_i, \quad i = 1,2,\cdots,l, \quad \xi_i \geqslant 0, i = 1,2,\cdots,l \end{cases} \tag{6-9}$$

式中：$\boldsymbol{\xi} = (\xi_1,\cdots,\xi_l)^T$；$C$ 为惩罚系数且 $C > 0$。求得目标函数的最小值意味着既要最小化 $\parallel\omega\parallel$，又要最小化 $\sum\limits_{i}\xi_i$，这里参数 C 的大小体现了对二者重视程度的权衡，也是遗传算法需要优化的目标参数之一。参照线性可分问题的支持向量机推导过程，可以得到线性"软"支持向量分类算法如下。

（1）给定训练集 $T = [(x_1,y_1),\cdots,(x_l,y_l)] \in (R^n \times \gamma)^l$，其中 $x_i \in R^n$，$y_i \in \gamma = R$，$i = 1,2,\cdots,l$。

（2）选择适当的惩罚参数 $C > 0$。

（3）构造并求解最小化问题

$$\begin{cases} \min\limits_{\boldsymbol{\alpha}} & \dfrac{1}{2}\sum\limits_{i=1}^{l}\sum\limits_{j=1}^{l}y_iy_jx_ix_j\alpha_i\alpha_j - \sum\limits_{j=1}^{l}\alpha_j \\ \text{s. t.} & \sum\limits_{i=1}^{l}y_i\alpha_i = 0, \quad 0 \leqslant \alpha_i \leqslant C, \quad i = 1,2,\cdots,l \end{cases} \tag{6-10}$$

得解 $\boldsymbol{\alpha}^* = (\alpha_1^*,\cdots,\alpha_l^*)^T$。

（4）计算 ω^*，选取位于开区间 $(0,C)$ 中的 $\boldsymbol{\alpha}^*$ 的一个分量 α_j^* 计算 b。

（5）构造分划超平面 $\omega^*x + b^* = 0$，由此求得决策函数 $f(x) = \mathrm{sgn}[g(x)]$，且

$$g(x) = \omega^*x + b^* = \sum\limits_{i=1}^{l}y_i\alpha_i^*x_ix + b^* \tag{6-11}$$

6.1.4　非线性支持向量分类机

数据点可以被一个分类超平面线性可分的情况如图 6-4 所示，数据点○和×在二维特征空间只能用一个椭圆非线性划分，为了降低运算复杂度，一般非线性问题通常转化为线性问题求解，即把原来在二维空间的数据点映射到三维特征空间中，此时的数据点○和×可以被一个分类超平面划分开，这个由低维空间向高维空间的映射过程依赖于核函数 $K(x,x') = \Phi(x)\Phi(x')$，即引进从空间 R^n 到 Hilbert 空间 H 的变换，有

$$\begin{aligned} & x = \Phi(x) \\ & \Phi:R^n \to H, x \to x = \Phi(x) \end{aligned} \tag{6-12}$$

式中：Φ 为将 x 从 R^n 空间到 H 空间的变换；$x_i \to \Phi(x_i)$，$x_j \to \Phi(x_j)$，$x_ix_j \to \Phi(x_i)\Phi(x_j)$。

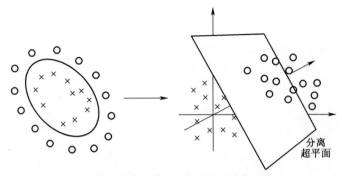

图 6-4　数据点被分类超平面线性划分

由此可知,利用核函数就可以把线性支持向量分类机转化为非线性支持向量分类机,非线性支持向量分类机算法过程如下。

(1) 给定训练集 $T = [(x_1,y_1),\cdots,(x_l,y_l)] \in (R^n \times \gamma)^l$,其中 $x_i \in R^n$,$y_i \in \gamma = [-1,1]$,$i = 1,2,\cdots,l$。

(2) 选择适当的核函数 $K(x,x')$ 以及惩罚系数 C。

(3) 构造并求解最小化问题

$$\begin{cases} \min_{\boldsymbol{\alpha}} & \dfrac{1}{2}\sum_{i=1}^{l}\sum_{j=1}^{l} y_i y_j \alpha_i \alpha_j [\Phi(x_i)\Phi(x_j)] - \sum_{j=1}^{l}\alpha_j \\ \text{s. t.} & \sum_{i=1}^{l} y_i \alpha_i = 0, \quad 0 \leqslant \alpha_i \leqslant C, \quad i = 1,2,\cdots,l \end{cases} \tag{6-13}$$

得解 $\boldsymbol{\alpha}^* = (\alpha_1^*,\cdots,\alpha_l^*)^{\mathrm{T}}$。

(4) 计算 ω^* 和 b^*:选取位于开区间 $(0,C)$ 中 $\boldsymbol{\alpha}^*$ 的一个分量 α_j^*。

(5) 构造决策函数:

$$f(x) = \mathrm{sgn}[g(x)] \tag{6-14}$$

其中

$$g(x) = \omega^* x + b^* = \sum_{i=1}^{l} y_i \alpha_i^* K(x_i x) + b^* \tag{6-15}$$

6.2　支持向量回归机

6.2.1　回归问题的提出

给定训练集 $T = [(x_1,y_1),\cdots,(x_l,y_l)] \in (R^n \times \gamma)^l$,其中 $x_i \in R^n$,$y_i \in \gamma = R$,$i = 1,2,\cdots,l$。此时寻找 R^n 上的一个函数 $f(x)$,利用 $y = f(x)$ 的映射关

199

系确定任意输入一个 x 所对应的输出值 y。

图 6-5 所示的一维空间回归问题,用✕形点表示训练集中各个训练点在直角坐标系中的位置,回归的根本目的就是能够寻找到一条无限接近各✕形点的光滑曲线 $y = f(x)$。此时与分类问题不同的是,回归问题处理的是同一类数据点。

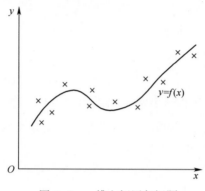

图 6-5　一维空间回归问题

6.2.2　"硬"支持向量回归机

首先介绍超平面的 ε 带,ε 带($\varepsilon > 0$)是指该超平面沿 y 轴分别上下移动 ε 值所包围的区域 $\{(x,y) \mid \omega x + b - \varepsilon < y < \omega x + b + \varepsilon\}$,显然超平面的 ε 带是一个开区域,它不包含满足 $\omega x + b - \varepsilon = y$ 和 $\omega x + b + \varepsilon = y$ 的点 (x,y)。

如果该超平面的 ε 带包围了训练集中的所有点,则该超平面称为"硬" ε 带超平面,此时的超平面满足

$$-\varepsilon \leqslant y_i - (\omega x_i + b) \leqslant \varepsilon, \quad i = 1,2,\cdots,l \tag{6-16}$$

图 6-6 中的一维空间线性回归问题。图中的✕形点表示不同的训练点,中间的实线表示回归超平面 $y = f(x) = \omega x + b$,两虚线之间的区域是该超平面的 ε 带。由于图中所有训练点都在两虚线以内,因此该超平面就可以称为"硬" ε 带超平面。

由于图 6-6 中只有有限个数据点,当 ε 取值充分大时,显然"硬" ε 带超平面总是存在的,但是当 ε 取值过小时,"硬" ε 带超平面有可能不存在。因此,它应大于下列最优化问题的最优值 ε_{inf}。

$$\begin{cases} \min\limits_{\omega,b,\varepsilon} & \varepsilon \\ \text{s. t.} & -\varepsilon \leqslant y_i - (\omega x_i + b) \leqslant \varepsilon, \quad i = 1,2,\cdots,l \end{cases} \tag{6-17}$$

假设当 ε 取值较小时存在"硬" ε 带超平面,那么这个"硬" ε 带超平面就可以作为线性回归问题的解,因此解决回归问题的关键是如何构造"硬" ε 带超平面。

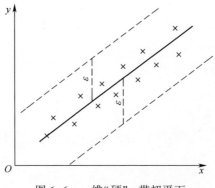

图 6-6　一维"硬" ε 带超平面

设法把回归问题中构造"硬" ε 带超平面转化为线性分划问题,采用分类的方法构造"硬" ε 带超平面,即将训练集中每个训练点的 y 值分别增加 ε 值和减少 ε 值,得到正的集合点和负的集合点,它们分别记为 A^+ 和 A^- ,有

$$A^+ = (x_i^T, y_i + \varepsilon)^T, \quad i = 1, 2, \cdots, l \tag{6-18}$$

$$A^- = (x_i^T, y_i - \varepsilon)^T, \quad i = 1, 2, \cdots, l \tag{6-19}$$

由此可以得到分类问题的数据集

$$\{ [(x_1^T, y_1 + \varepsilon)^T, 1], \cdots, [(x_l^T, y_l + \varepsilon)^T, 1],$$
$$[(x_1^T, y_1 - \varepsilon)^T, -1], \cdots, [(x_l^T, y_l - \varepsilon)^T, -1] \} \tag{6-20}$$

式中: $(x_i^T, y_i + \varepsilon)^T$ 或 $(x_i^T, y_i - \varepsilon)^T$ 为输入向量;1 或-1 表示输入向量对应的输出值。由式(6-20)可以看出,回归问题中需要构造的"硬" ε 带超平面就等同于对上述训练集进行一次线性分划,此时就可以将上述回归问题转化为分类问题。对于给定的训练集和 $\varepsilon > 0$,考虑集合 A^+ 和 A^- ,则一个超平面 $y = f(x)$ $= \omega x + b$ 是"硬" ε 带超平面的充要条件是 A^+ 和 A^- 分别位于该超平面的两侧,且 A^+ 和 A^- 中所有的点都不在该超平面上。

与线性"硬"支持向量分类算法的推导过程相似,线性"硬" ε 带支持向量回归算法过程如下。

(1)给定训练集 $T = [(x_1, y_1), \cdots, (x_l, y_l)] \in (R^n \times \gamma)^l$,其中 $x_i \in R^n, y_i \in \gamma = R, i = 1, 2, \cdots, l$ 。

(2)选择适当的参数 $\varepsilon > 0$ 。

(3)构造并求解最小化问题

$$\begin{cases} \min_{\alpha^{(*)} \in R^{2L}} \quad \frac{1}{2} \sum_{i,j=1}^l (\alpha_i^* - \alpha_i)(\alpha_j^* - \alpha_j) x_j x_j + \varepsilon \sum_{i=1}^l (\alpha_i^* + \alpha_i) - \sum_{i=1}^l y_i (\alpha_i^* - \alpha_i) \\ \text{s. t.} \quad \sum_{i=1}^l y_i (\alpha_i^* - \alpha_i) = 0, \quad \alpha_i^{(*)} \geqslant 0, \quad i = 1, 2, \cdots, l \end{cases} \tag{6-21}$$

201

得解 $\overline{\boldsymbol{\alpha}}^{(*)} = (\overline{\alpha}_1, \overline{\alpha}_1^*, \cdots, \overline{\alpha}_l, \overline{\alpha}_l^*)^{\mathrm{T}}$。

(4)计算 ω ,选取 $\overline{\boldsymbol{\alpha}}^{(*)}$ 的分量 $\overline{\alpha}_j > 0$,据此计算

$$b = y_i - \omega x_j + \varepsilon \qquad (6\text{-}22)$$

(5) 构造决策函数:

$$y = g(x) = \omega x + b = \sum_{i=1}^{l} (\overline{\alpha}_i^* - \overline{\alpha}_i)(x_i x) + b \qquad (6\text{-}23)$$

其中 $\boldsymbol{\alpha}^*$ 和 $\boldsymbol{\alpha}$ 对应于使用拉格朗日函数时引入的两个不同的拉格朗日算子。

6.2.3 "软"支持向量回归机

在线性"硬" ε 带支持向量回归机的基础上,引入松弛变量 $\boldsymbol{\xi}^{(*)} = (\xi_1, \xi_1^{(*)}, \cdots, \xi_l, \xi_l^{(*)})^{\mathrm{T}}$ 和惩罚系数 C,可以得出线性"软" ε 带支持向量回归算法分析过程如下。

(1) 给定训练集 $T = [(x_1, y_1), \cdots, (x_l, y_l)] \in (R^n \times \gamma)^l$,其中 $x_i \in R^n, y_i \in \gamma = R, i = 1, 2, \cdots, l$。

(2) 选择适当的参数 $\varepsilon > 0$ 和惩罚参数 $C > 0$。

(3) 构造并求解最小化问题,即

$$\begin{cases} \min_{\boldsymbol{\alpha}^{(*)} \in R^{2l}} \quad \dfrac{1}{2} \sum_{i,j=1}^{l} (\alpha_i^* - \alpha_i)(\alpha_j^* - \alpha_j) x_i x_j + \varepsilon \sum_{i=1}^{l} (\alpha_i^* + \alpha_i) - \sum_{i=1}^{l} y_i (\alpha_i^* - \alpha_i) \\ \text{s. t.} \quad \sum_{i=1}^{l} y_i (\alpha_i^* - \alpha_i) = 0, \quad 0 \leqslant \alpha_i^{(*)} \leqslant C, \quad i = 1, 2, \cdots, l \end{cases} \qquad (6\text{-}24)$$

得解 $\overline{\boldsymbol{\alpha}}^{(*)} = (\overline{\alpha}_1, \overline{\alpha}_1^*, \cdots, \overline{\alpha}_l, \overline{\alpha}_l^*)^{\mathrm{T}}$。

(4) 得出 ω ,选取位于开区间 $(0, C)$ 中 $\overline{\boldsymbol{\alpha}}^{(*)}$ 的分量 $\overline{\alpha}_j$,则

$$b = y_i - \sum_{i=1}^{l} (\overline{\alpha}_i^* - \overline{\alpha}_i)(x_i x_j) + \varepsilon \qquad (6\text{-}25)$$

(5) 构造决策函数:

$$y = g(x) = \omega x + b = \sum_{i=1}^{l} (\overline{\alpha}_i^* - \overline{\alpha}_i)(x_i x) + b \qquad (6\text{-}26)$$

6.2.4 非线性支持向量回归机

与非线性分划的分类算法类似,将在低维空间线性不可分的数据集通过核函数映射到高维空间中,使其在高维空间中线性可分,非线性分划的回归算法分析过程如下。

（1）给定训练集 $T = [(x_1, y_1), \cdots, (x_l, y_l)] \in (R^n \times \gamma)^l$，其中 $x_i \in R^n$，$y_i \in \gamma = R, i = 1, 2, \cdots, l$。

（2）选择适当的参数 $\varepsilon > 0$ 和惩罚参数 $C > 0$。

（3）构造并求解最小化问题，即

$$
\begin{cases}
\min\limits_{\boldsymbol{\alpha}^{(*)} \in R^{2l}} \quad \dfrac{1}{2} \sum\limits_{i,j=1}^{l} (\alpha_i^* - \alpha_i)(\alpha_j^* - \alpha_j) [\Phi(x_i)\Phi(x_j)] + \varepsilon \sum\limits_{i=1}^{l} (\alpha_i^* + \alpha_i) - \\
\qquad\qquad \sum\limits_{i=1}^{l} y_i(\alpha_i^* - \alpha_i) \\
\text{s. t.} \quad \sum\limits_{i=1}^{L} y_i \alpha_i = 0, \quad 0 \leqslant \alpha_i \leqslant C, \quad i = 1, 2, \cdots, l
\end{cases}
\tag{6-27}
$$

得解 $\overline{\boldsymbol{\alpha}}^{(*)} = (\overline{\alpha}_1, \overline{\alpha}_1^*, \cdots, \overline{\alpha}_l, \overline{\alpha}_l^*)^{\mathrm{T}}$。

（4）计算 ω 和 b。

（5）构造决策函数，即

$$
y = g(x) = \omega x + b = \sum_{i=1}^{l} (\overline{\alpha}_i^* - \overline{\alpha}_i)[\Phi(x_i)\Phi(x)] + b
\tag{6-28}
$$

综上所述，非线性分划与线性分划算法的区别在于前者用内积 $\Phi(x_i)\Phi(x_j)$、$\Phi(x_i)\Phi(x)$ 分别取代了后者的内积 $x_i x_j$、$x_i x$。

6.3 支持向量机参数优化

通过对 SVR 最优参数的研究发现，惩罚系数 C 和核函数参数 γ 对结果影响明显，所以如何优化 SVR 参数很重要。

遗传算法是一种基于生物遗传和进化机制的适合复杂系统优化的自适应概率优化技术[12-14]，具有很强的实用性和鲁棒性。因此，遗传算法可用于优化 SVR 参数，其主要步骤如下。

（1）确定惩罚系数和核函数参数的可能取值范围。

（2）随机选择参数的初始值，采用编码的方法构造初始种群。

（3）将构造种群的个体输入到 SVR 模型进行训练，计算适用度函数值。

（4）判断适用度函数值是否满足要求或达到最大遗传代数。如果满足，则直接输出 SVR 最佳参数，并通过对训练样本的训练得到训练模型。如果不满足，则应用选择、交叉及变异算子产生新的种群再次进行迭代运算。

6.4　颗粒阻尼悬臂梁阻尼特性预测

6.4.1　阻尼特性影响因素分析

对颗粒阻尼悬臂梁结构的阻尼特性进行实验研究,在悬臂梁自由端固定一个可填充颗粒的金属盒,利用加速度传感器测试悬臂梁相应位置的加速度响应,实验测试系统如图6-7所示。悬臂梁实验件的材料为铸钢,材料密度为 $7.8 \times 10^3 \mathrm{kg/m^3}$,弹性模量为 $E = 1.75 \times 10^{11} \mathrm{Pa}$;悬臂梁的结构尺寸为长300mm、宽25mm、厚4mm;用以填充颗粒的金属盒质量为122g;测试悬臂梁振动加速度传感器采用 YD-39 型,质量为 16g。

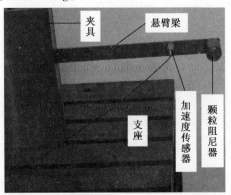

图6-7　颗粒阻尼悬臂梁实验测试系统

经过大量的研究发现,颗粒阻尼减振结构的减振特性受到颗粒尺寸、颗粒密度、填充率、腔体的外形和尺寸、结构振动的频率和幅值、阻尼器位置等因素的影响。通过大量的实验数据可以看出,这些影响因素对颗粒阻尼减振结构阻尼特性的影响程度不同,但它们之间又存在着某种多元强非线性的映射关系。如何准确地建立含多元参数的强非线性颗粒阻尼减振结构阻尼特性预测模型具有重要意义。

6.4.2　阻尼特性预测模型

为了定量地研究颗粒阻尼减振结构的阻尼特性,需建立一个数学模型来反映颗粒阻尼减振结构阻尼特性和各种影响因素之间的映射关系。其数学模型表达式为

$$Y = F(X) = F(A, B, C, D, E, F, G, H, \cdots) \tag{6-29}$$

式中:Y 为颗粒阻尼减振结构的阻尼比;A 为颗粒尺寸;B 为颗粒密度;C 为填充

率;D 为腔体外形;E 为腔体尺寸;F 为减振结构的振动频率;G 为减振结构的振动幅值;H 为阻尼器位置。

将 $\boldsymbol{X}_i = (x_1, x_2, x_3, x_4, x_5, x_6, x_7, x_8, \cdots)$ 作为支持向量机的输入向量,将 Y_i 作为其输出变量,组成 $(\boldsymbol{X}_i, Y_i)$ 的训练对。利用这些数据可训练建立预测模型,模型结构如图 6-8 所示,训练模型的准确性可通过训练集进行验证,其结果如图 6-9 所示。

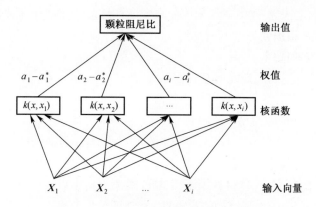

图 6-8　颗粒阻尼结构阻尼特性预测模型

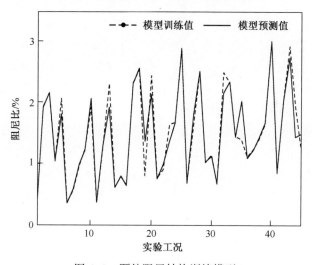

图 6-9　颗粒阻尼结构训练模型

6.4.3　阻尼特性预测

1. 特征向量提取

为了验证本章方法的有效性,选取带颗粒阻尼器的悬臂梁结构阻尼特性的

90 个实验数据作为算例,带颗粒阻尼的悬臂梁结构阻尼特性的影响考虑以下几点:A 为颗粒尺寸;B 为颗粒密度(本章材料均为钢球,用 1 表示);C 为填充率;G 为振动幅值;H 为颗粒阻尼器位置(距固定端的距离)。$\boldsymbol{x}_i = (A, B, C, G, H)$ 就可以组成输入特征向量,通过时域衰减法测得对应工况下的带颗粒阻尼的悬臂梁结构的阻尼比 y_i 作为输出值,即 $y_i = f(\boldsymbol{x}_i) = \boldsymbol{\omega} \cdot \boldsymbol{\phi}(\boldsymbol{x}_i) + b$。

2. 实验数据预处理

为了准确地选择 SVR 中各参数和减少计算复杂度,对原始数据(因变量、自变量)进行归一化预处理(归一化到 [-1, 1] 区间)。

3. 核函数的选择

本书选择常用的高斯径向基核函数 $k(x, x') = \exp(-\gamma \parallel x - x' \parallel^2)$,目前对于核函数的选择,学术界暂无统一标准。

4. 阻尼特性预测模型

将实验数据工况号为 1、3、5、…、89 的 45 个样本作为训练样本,工况号 2、4、6、…、90 的 45 个样本作为测试样本,每一个工况号对应一组实验工况(初始振幅 G,填充率 C,直径 A,材料 B,距固定端的距离 H),参数寻优算法、偶数工况号预取值(为保证 SVR 预测结构的完整性)及预测结果如表 6-1 ~ 表 6-4 所列(保留 4 位有效数字)。其中:A 为误差小于 20% 的样本个数,B 为误差在(20%,30%)之间的样本个数,C 为误差在(30%,40%)之间的样本个数,D 为误差在(40%,50%)之间的样本个数,E 为误差在(50%,60%)之间的样本个数,F 为误差在(60%,70%)之间的样本个数,G 为误差在(70%,80%)之间的样本个数,H 为误差在(80%,90%)之间的样本个数,I 为误差在(90%,100%)之间的样本个数,J 为误差大于 100% 的样本个数。

采用不同的 SVR 参数寻优方法训练回归模型的准确率如表 6-1 所列,从表 6-1 可以看出,采用 CV、GA、PSO 这 3 种常用的 SVR 参数寻优方法训练回归模型的准确率大体相同,采用 CV、GA 优化参数的模型准确率比 PSO 相对低点,就参数寻优单方面来看,3 种算法都可以对颗粒阻尼减振结构阻尼特性的预测模型进行参数优化,准确度高。

不同参数寻优算法下偶数工况号取值对颗粒阻尼减振结构阻尼特性预测结果的影响关系如表 6-2 ~ 表 6-4 所列,研究发现,相同参数寻优算法下,偶数工况号取平均值、均方根值、前一工况号值对颗粒阻尼减振结构阻尼特性的预测结果几乎没有影响。在偶数工况号取值一致的情况下,CV 和 GA 法的预测精度比 PSO 的预测精度要高。通过对比表 6-2 ~ 表 6-4,本书采用遗传算法(GA)优化 SVR 参数、偶数工况号取前一工况号值的组合方式进行预测实验。

表 6-1　几种常用参数寻优算法训练回归模型准确率(相关系数)对比

算　法	准确率/%
交叉验证法(CV)	93.16
遗传算法　(GA)	93.65
粒子群优化(PSO)	95.20

表 6-3　CV 优化参数、偶数工况号取值对应的误差结果

偶数工况号取值	平均相对误差/%	A	B	C	D	E	F	G	H	I	J
平均值	13.8	34	7	3	0	1	0	0	0	0	0
均方根值	15.9	34	7	3	1	0	0	0	0	0	0
前一工况号值	12.5	35	7	2	0	1	0	0	0	0	0

表 6-3　GA 优化参数、偶数工况号取值对应的误差结果

偶数工况号取值	平均相对误差/%	A	B	C	D	E	F	G	H	I	J
平均值	14.2	35	8	2	0	0	0	0	0	0	0
均方根	12.3	34	9	1	1	0	0	0	0	0	0
前一工况值	10.3	42	3	0	0	0	0	0	0	0	0

表 6-4　PSO 优化参数、偶数工况号取值对应的误差结果

偶数工况号取值	平均相对误差/%	A	B	C	D	E	F	G	H	I	J
平均值	18.0	30	11	3	0	1	0	0	0	0	0
均方根值	18.3	32	9	3	0	1	0	0	0	0	0
前一工况号值	22.3	26	11	2	0	0	0	0	0	0	0

　　针对上述"颗粒阻尼减振结构阻尼特性—影响因素"GA-SVR 预测模型,在 MATLAB 下进行训练与测试的仿真实验,并通过遗传算法得到 SVR 参数 $C=1.2317$、$\gamma=0.30422$。采用遗传算法优化参数偶数工况号取前一工况号值的方式,得到测试样本的仿真结果如表 6-5 和图 6-10 所示。从图可以看出,除一小部分工况号数据预测不准确(分析认为导致如工况号 6、8、13、28、40 点出现较大偏差的原因归结为原始数据测量不够精确)外,总体上看,颗粒阻尼减振结构阻尼特性的预测结果能满足预测要求,误差小,拟合程度较高。

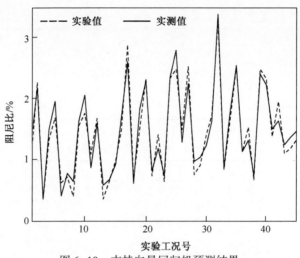

图 6-10　支持向量回归机预测结果

表 6-5　颗粒阻尼减振结构阻尼比预测结果
（GA优化参数、偶数工况号取前一工况号值）

工况号	实际值/%	预测值/%	相对误差/%
1	1.1340	1.2858	13.4
2	2.2730	2.1886	3.7
3	0.3560	0.3659	2.8
4	1.3470	1.5067	11.9
5	1.6890	1.9597	16.0
6	0.6280	0.5176	33.5
7	0.7210	0.7819	8.4
8	0.4050	0.4484	10.7
9	1.5640	1.6285	4.1
10	1.7680	2.0668	16.9
11	1.1020	0.8740	20.7
12	1.6840	1.6064	4.6
13	0.3650	0.5847	6.4
14	0.6550	0.6783	3.6
15	0.9950	0.9374	5.8
16	1.4930	1.6948	13.5
17	2.8920	2.6140	9.6
18	0.6930	0.6195	10.6
19	1.5130	1.8412	21.7

工况号	实际值/%	预测值/%	相对误差/%
20	2.3370	2.2946	1.8
21	0.7450	0.8201	10.1
22	1.4170	1.1937	15.8
23	0.6540	0.7551	15.5
24	2.3360	2.3511	6.5
25	2.4960	2.9953	20.0
26	1.4960	1.2997	13.1
27	2.5360	2.2577	11.0
28	0.7650	0.8802	15.1
29	0.9200	1.0486	12.0
30	1.4210	1.2440	12.5
31	1.7390	1.6371	5.9
32	3.2890	3.3937	7.2
33	0.8490	0.8725	2.8
34	1.6580	1.7978	8.4
35	2.5330	2.3569	7.0
36	1.1370	1.1434	0.6
37	1.5390	1.3204	14.2
38	0.6690	0.7426	11.0
39	2.4910	2.4148	3.1
40	2.3390	2.2411	8.6
41	1.3830	1.5109	9.2
42	1.9610	1.6414	15.5
43	1.1070	1.2536	13.2
44	1.1910	1.2783	15.7
45	1.3330	1.4789	7.3
平均误差			10.3

5. 阻尼特性预测分析

基于上述建立的模型,对悬臂梁颗粒阻尼系统的阻尼特性与颗粒直径、颗粒密度及填充率等参数之间关系进行了分析,结果如图 6-11~图 6-13 所示。

从图 6-11 中可以看出,颗粒阻尼器的减振性能随着颗粒直径的变化不明显,在同等环境下,对于阻尼比的影响不如填充率和颗粒密度。

从图 6-12 中可以看出,颗粒阻尼器的减振性能随填充率的增加而增加,在

209

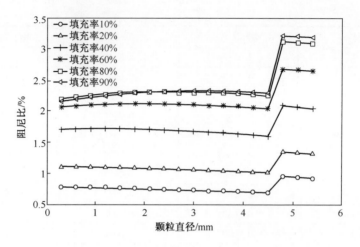

图 6-11　阻尼比随着颗粒直径的变化曲线

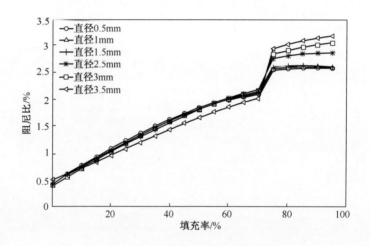

图 6-12　阻尼比随着填充率的变化曲线

颗粒填充率达到 75%时,减振性能增加明显,填充率达到 80%时,减振性能区域稳定。原因是在填充率较小时,颗粒之间的间隙较大,颗粒之间的相互碰撞和摩擦不够;当填充率达到 80%时,颗粒阻尼器内颗粒过于密集,颗粒的运动受到限制,颗粒阻尼器的减振性能增加有限。

从图 6-13 中可以看出,颗粒密度是影响颗粒阻尼器减振效果的重要因素,颗粒密度越大系统的减振性能越好。

本节将 GA-SVR 方法应用于颗粒阻尼减振结构阻尼特性的预测研究,提出了基于 GA 的 SVR 参数优化方法,实验证明遗传算法能够选取较优的 SVR 参

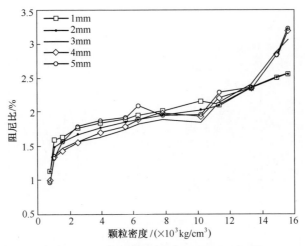

图 6-13　阻尼比随着颗粒密度的变化曲线

数,并建立了"颗粒阻尼减振结构阻尼特性-影响因素"的预测模型,通过模型得到的预测值和实际值具有较高的一致性,平均相对误差在 10.3% 左右。

6.5　颗粒阻尼桁架结构振动传递特性预测

为了定量地研究颗粒阻尼减振结构的阻尼特性,需建立一个数学模型来反映颗粒阻尼减振结构阻尼特性和各种影响因素之间的映射关系。其数学模型表达式为

$$Y = F(X) = F(A,B,C,D,E,F,\cdots) \tag{6-30}$$

式中:Y 为海洋平台桁架结构的振动传递率;A 为颗粒直径;B 为颗粒填充率;C 为控制电流;D 为控制算法;E 为线圈数;F 为减振结构的振动频率。

将 $X_i = (x_1,x_2,x_3,x_4,x_5,x_6,x_7,x_8,\cdots)$ 作为支持向量机的输入向量,将 Y_i 作为其输出变量,组成 (X_i,Y_i) 的训练对。利用这些数据可训练建立预测模型,在预测模型的基础上预测颗粒直径和颗粒填充率等参数对海洋平台桁架结构的振动传递特性的影响。

利用电流为 0.6A 时海洋平台桁架结构 A 点的振动传递率数据验证预测模型的准确性如图 6-14 所示,其预测值与实验值的平均相对误差为 8.15%。

6.5.1　电流对振动传递率的影响

当颗粒填充率为 70%,填充颗粒直径为 0.1mm 钢球,颗粒阻尼器通电线圈数为 8000 圈时,利用支持向量回归预测分析电流分别为 0.1A、0.3A 和 0.5A

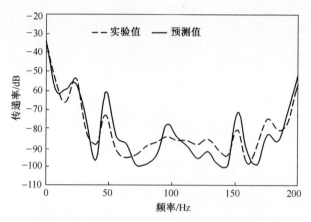

图 6-14　支持向量机回归预测模型的准确性

时,海洋平台桁架结构 A 点的振动传递曲线如图 6-15 所示。从图中可以看出,在 0~200Hz 范围内,随着控制电流的增加,海洋平台桁架结构的振动传递率降低,系统的减振效果变好。

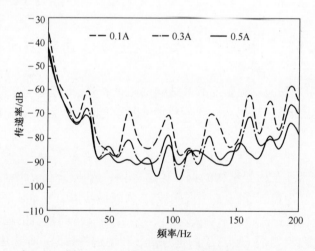

图 6-15　电流对振动传递率的影响

6.5.2　颗粒填充率对振动传递率的影响

填充颗粒为钢球颗粒,颗粒直径为 0.1mm,利用支持向量回归机预测分析海洋平台桁架结构振动传递率随颗粒填充率的变化规律如图 6-16 所示。从图中可以看出,填充率为[40%,80%],随着填充率的增加,系统的减振效果逐渐变好。

颗粒填充率为 70%,颗粒直径为 0.1mm,利用支持向量回归机预测分析海

212

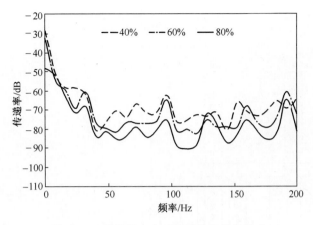

图 6-16　颗粒填充率对振动传递率的影响

洋平台桁架结构振动传递率随填充颗粒材料的变化规律如图 6-17 所示。从图中可以看出,在 0~200Hz 的范围内,填充颗粒的密度越大,海洋平台桁架结构振动传递率越小,系统的减振效果越好。

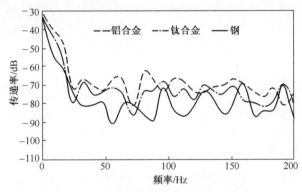

图 6-17　颗粒材料对振动传递率的影响

6.6　颗粒阻尼结构阻尼特性预测软件

6.6.1　软件功能概述

为进一步推动颗粒阻尼技术在工程中的应用,基于 GUI 开发了带颗粒阻尼减振结构阻尼特性的预测软件,软件实现了基于遗传算法、交叉验证算法和粒子群优化算法的支持向量回归机组合预测的方式,软件具有界面简洁、操作简单、流程清晰、可修改性强等特点。带颗粒阻尼减振结构阻尼特性预测软件的总体结构如图 6-18 所示。

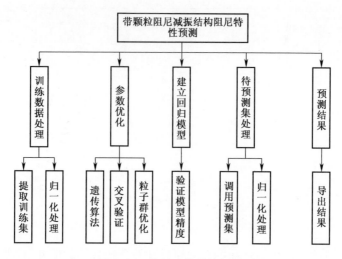

图 6-18　软件总体结构框图

软件的主要功能如下。

（1）可使用不同的参数优化算法选择合适的惩罚系数和核函数参数。

（2）可对预测模型进行误差分析，绘制预测模型的精度曲线。

（3）可实现对待预测集的预测，并保存预测结果。

6.6.2　振动特性预测软件

带颗粒阻尼减振结构阻尼特性预测软件主要包括五大模块，即训练数据处理模块、参数优化模块、建立回归模型模块、待预测集数据处理模块、提取并保存预测结果模块。预测软件的使用流程图如 6-19 所示。

设计软件时采取总-分-总的结构：先从总体入手，勾勒出具体流程图，再实现具体模块的功能，最后利用连接线构成完成的预测系统。该预测软件界面简洁大方、可修改性强、易于实现。

预测软件主界面如图 6-20 所示。程序主界面包括六大部分，分别是训练数据处理框、参数优化选择框、建立回归模型框、待预测集数据处理框、预测结果框和预测模型的精度图。软件使用主要步骤如下。

步骤一：训练数据处理框包含提取数据和归一化处理，原始实验数据将被分为两类（奇数标号项和偶数标号项），其中奇数标号项的数据作为训练数据，偶数标号项的数据作为测试数据，训练数据归一化到 $[-1,1]$ 之间。

步骤二：参数优化选择框中列举了 3 种优化算法，即遗传算法、交叉验证和粒子群优化。任何一个算法中终止代数和种群规模参数都可以根据模型精度进行修改。单击相应的算法按钮即可进行参数搜索运算，得到相应算法下的优化

214

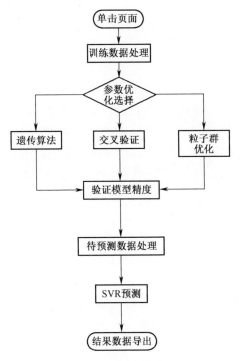

图 6-19 软件使用流程框图

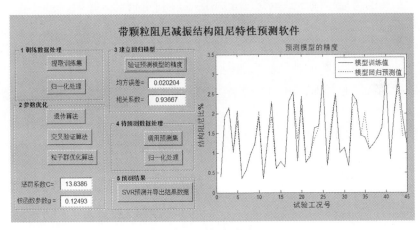

图 6-20 预测软件主界面

参数(惩罚系数和核函数参数)。

步骤三:基于步骤二得到的优化参数和训练集建立的回归预测模型,预测模型的精度曲线通过单击"验证模型的精度"按钮得到,显示其均方误差和相关系数。

步骤四:预测数据处理,和步骤一训练数据处理基本类似,不再赘述。

步骤五:最后单击"SVR 预测并导出结果数据"按钮,可以获得偶数标号项的预测结果,并以 Excel 表格的形式打开并保存到相应文件夹中。预测结束后,即可关闭主界面完成本次预测。

首先,为研究带颗粒阻尼减振结构阻尼特性的预测方法,本章将基于结构风险最小化的支持向量回归机研究带颗粒阻尼减振结构的阻尼特性预测。主要研究了以下几个方面内容:研究了预取值方式对预测结果准确性的影响规律;比较了遗传算法、交叉验证算法和粒子群算法 3 种不同算法在搜索最优支持向量回归机结构参数方面的性能优劣;利用支持向量回归机对带颗粒阻尼结构的阻尼特性进行预测,并通过实验进行验证。结果表明,偶数标号数据项分别取平均值、均方根值和前一标号值 3 种方式对预测结果准确性的影响很小,3 种取值方式都可以满足支持向量回归机模型的需要;3 种优化算法都可以为预测模型搜索到最佳参数,且建立的预测模型精度差别很小;基于带颗粒阻尼悬臂梁结构阻尼特性预测模型的预测值与实验值的平均相对误差为 10.3%;通过预测分析可以确定颗粒密度、填充率、振幅和颗粒阻尼器距固定端的距离为减振性能的主要影响因素,颗粒直径为次要影响因素。

其次,为提高带颗粒阻尼减振结构的阻尼特性预测方法的通用性,本章在遗传算法优化支持向量回归机结构参数的基础上将支持向量回归机用于带颗粒阻尼平板结构的阻尼特性预测研究。分别研究了:讨论核函数类型、终止代数和种群规模对带颗粒阻尼平板结构阻尼特性预测模型精度的影响规律;在遗传算法优化参数的基础上利用支持向量回归机对带颗粒阻尼平板结构的阻尼特性进行预测,并通过实验进行验证。结果表明,在选择高斯径向基核函数、适合的终止代数和种群规模的基础上,基于带颗粒阻尼平板结构阻尼特性预测模型的预测值与实际值的平均相对误差为 12.9%;通过预测分析确定颗粒密度、填充率为减振性能的主要影响因素,孔腔布置方式为次要影响因素。

再次,在遗传算法优化支持向量回归机结构参数的基础上将支持向量回归机用于颗粒阻尼海洋平台桁架结构振动特性预测研究。在遗传算法优化参数的基础上利用支持向量回归机对颗粒阻尼海洋平台桁架结构的振动特性进行了预测,并通过实验进行了验证。结果表明,相比无颗粒阻尼,颗粒阻尼对海洋平台桁架结构具有明显的减振效果;颗粒填充率为 80% 左右时,系统的减振效果最好;颗粒密度越大系统的减振效果越好;颗粒直径的变化对海洋平台桁架结构振动的影响较低;基于带颗粒阻尼海洋平台桁架结构阻尼特性预测模型的预测值与实验值的平均相对误差为 8.15%。

最后,利用 MATLAB 软件设计开发了带颗粒阻尼减振结构阻尼特性预测软件,推动了参数优化算法和支持向量回归机在带颗粒阻尼减振结构中的应用,有助于颗粒阻尼减振技术在工程中的应用。

参 考 文 献

[1] 何宏炜,吴志航,于召新,等.四进制自由空间激光通信信号的支持向量机检测算法[J].光学学报,2018,38(11):14-21.

[2] Furey T S,Cristianini N,Duffy N,et al. Support vector machine classification and validation of cancer tissue samples using microarray expression data[J]. Bioinformatics,2000,16(10):906-914.

[3] Thanh P N,Kappas M. Comparison of random forest,k-nearest neighbor,and support vector machine classifiers for land cover classification using sentinel-2 imagery[J]. Sensors,2018,18(1):18-32.

[4] Fan J,Wang X,Wu L,et al. Comparison of support vector machine and extreme gradient boosting for predicting daily global solar radiation using temperature and precipitation in humid subtropical climates:A case study in China[J]. Energy Conversion and Management,2018,164(4):102-111.

[5] Wang X,Luo D,Zhao X,et al. Estimates of energy consumption in China using a self-adaptive multi-verse optimizer-based support vector machine with rolling cross-validation[J]. Energy,2018,152(8):539-548.

[6] Singh C,Walia E,Kaur K P. Enhancing color image retrieval performance with feature fusion and non-linear support vector machine classifier[J]. Optik-International Journal for Light and Electron Optics,2018,158(1):127-141.

[7] Singh C,Walia E,Kaur K P. Enhancing color image retrieval performance with feature fusion and non-linear support vector machine classifier[J]. Optik-International Journal for Light and Electron Optics,2018,158(11):127-141.

[8] Azil I H,Wee Z L,Xiangtao L. Identification of transformer fault based on dissolved gas analysis using hybrid support vector machine-modified evolutionary particle swarm optimisation [J]. Plose One,2018,13(1):66-75.

[9] Peng Z,Hu Q,Dang J. Multi-kernel SVM based depression recognition using social media data [J]. International Journal of Machine Learning and Cybernetics,2017,35(3):156-167.

[10] Jian L,Shen S,Li J,et al. Budget online learning algorithm for least squares SVM[J]. IEEE Transactions on Neural Networks and Learning Systems,2017,28(9):2076-2087.

[11] Kang J,Park Y J,Lee J,et al. Novel leakage detection by ensemble CNN-SVM and graph-based localization in water distribution systems[J]. IEEE Transactions on Industrial Electronics,2017,176(8):1-13.

[12] Wu Y,Yang X,Plaza A,et al. Approximate computing of remotely sensed data:SVM hyperspectral image classification as a case study[J]. IEEE Journal of Selected Topics in Applied Earth Observations and Remote Sensing,2016,9(12):1-13.

[13] 吐松江·卡日,高文胜,张紫薇,等.基于支持向量机和遗传算法的变压器故障诊断[J].清华大学学报(自然科学版),2018,15(7):26-31.

[14] 苏军,饶元,张敬尧.基于 GA 优化 SVM 的干制红枣品种分类方法[J].洛阳理工学院学报(自然科学版),2018,28(4):65-69.

内 容 简 介

本书是作者及其研究团队近 10 年的研究成果,介绍了颗粒阻尼减振技术前沿理论、数值仿真分析方法和在工程中的应用设计方法。本书将被动颗粒阻尼技术延伸到半主动颗粒阻尼技术,提高了颗粒阻尼技术的减振效果和拓展了其应用范围;深入探讨了离散元–有限元耦合数值仿真分析方法,为实现颗粒阻尼技术在工程结构减振降噪中的应用奠定了基础。

本书可供从事船舶与海洋工程、航空航天和车辆工程等专业振动与噪声控制领域的研究人员和研究生阅读参考。

This book is the research result of the author and his research team for nearly ten years. It introduces the frontier theory, numerical simulation method and application design method in engineering of particle damping technology. This book extends passive particle damping technology to semi-active particle damping technology. It improves the damping effect of the particle damping technology and expands its application range. It deeply discusses coupling numerical simulation method, which is based on the combination method with the discrete element method. The research content of this book lays a foundation for the application of particle damping technology in vibration and noise reduction of Engineering structures.

This book can be used as a reference for researchers and graduate students in the field of vibration and noise control in ship and marine engineering, aerospace and vehicle engineering.

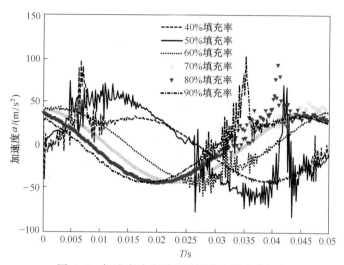

图 5-9 加速度响应随颗粒填充率的变化规律

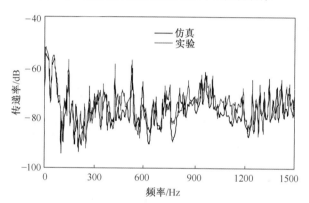

图 5-15 电流为 0.7A 时桁架的振动传递特性曲线

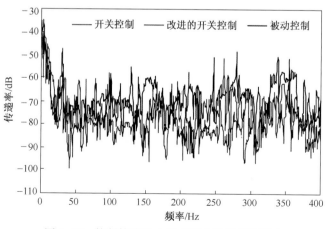

图 5-18 控制策略对 A 测点振动传递率的影响

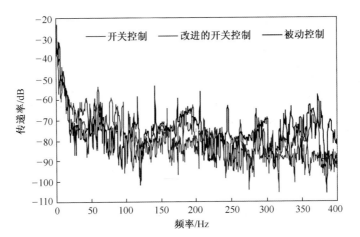

图 5-19　控制策略对 B 测点振动传递率的影响

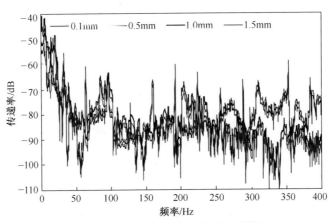

图 5-20　颗粒直径对振动传递率的影响

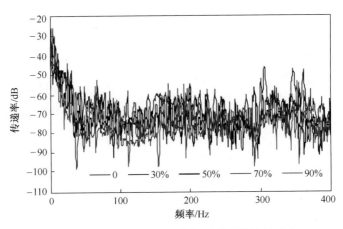

彩二

图 5-22　填充率对桁架结构振动传递特性的影响

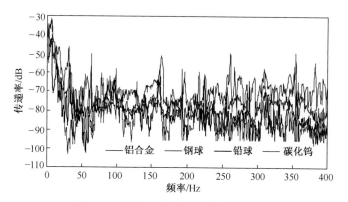

图 5-24　颗粒密度对振动传递率的影响

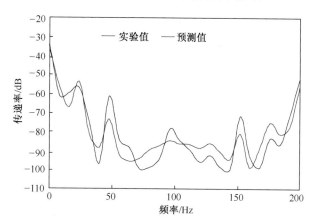

图 6-14　支持向量机回归预测模型的准确性

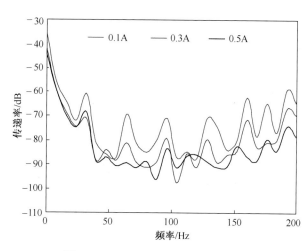

图 6-15　电流对振动传递率的影响

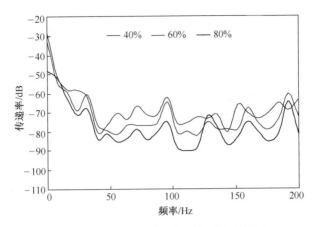

图 6-16 颗粒填充率对振动传递率的影响

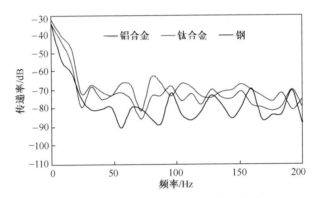

图 6-17 颗粒材料对振动传递率的影响

彩四